工业控制与智能制造丛书

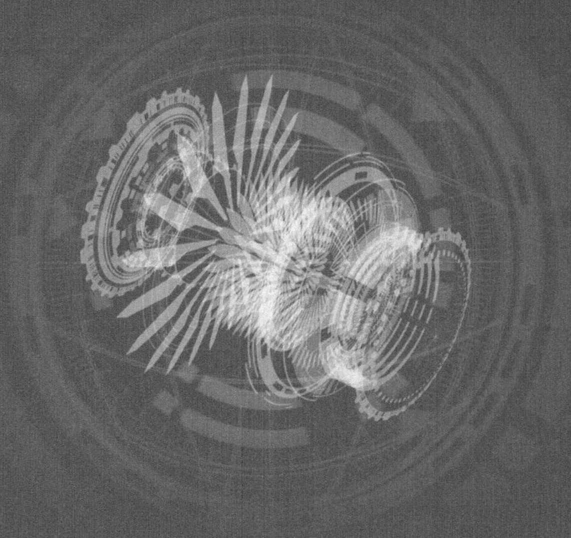

A Practical Guide to Design for Additive Manufacturing

增材制造设计（DfAM）指南

[新西兰] 奥拉夫·迪格尔（Olaf Diegel）
[瑞典] 阿克塞尔·诺丁（Axel Nordin） ◎著
[瑞典] 达米恩·莫特（Damien Motte）
安世亚太科技股份有限公司 ◎译

机械工业出版社
CHINA MACHINE PRESS

图书在版编目（CIP）数据

增材制造设计（DfAM）指南 /（新西兰）奥拉夫·迪格尔，（瑞典）阿克塞尔·诺丁，（瑞典）达米恩·莫特著；安世亚太科技股份有限公司译．-- 北京：机械工业出版社，2021.2（2024.5 重印）

（工业控制与智能制造丛书）

书名原文：A Practical Guide to Design for Additive Manufacturing

ISBN 978-7-111-67425-2

Ⅰ.①增… Ⅱ.①奥… ②阿… ③达… ④安… Ⅲ.①立体印刷－印刷术 Ⅳ.① TS853

中国版本图书馆 CIP 数据核字（2021）第 011848 号

北京市版权局著作权合同登记 图字：01-2020-3433 号。

增材制造设计（DfAM）指南

出版发行：机械工业出版社（北京市西城区百万庄大街 22 号 邮政编码：100037）

责任编辑：唐晓琳 许 爽

责任校对：殷 虹

印 刷：北京建宏印刷有限公司

版 次：2024 年 5 月第 1 版第 3 次印刷

开 本：170mm×230mm 1/16

印 张：14

书 号：ISBN 978-7-111-67425-2

定 价：79.00 元

客服电话：（010）88361066 88379833 68326294

Foreword 推荐序一

增材制造（俗称3D打印），是一种通过简单的二维逐层增加材料的方式直接成型三维复杂结构的数字制造技术。理论上讲，它仅通过简单的“二维数字打印材料”，就可以直接制造出内部结构任意复杂、外部形状和几何尺寸不受限制的零件和结构，而且在逐点、逐线、逐层数字打印制造过程中，还可以灵活地数字控制零件不同部位的材料和性质（取长补短地把不同材料“按需定制”于零件的不同部位），从而赋予构件以传统单一材料完全不具备的超常性能。增材制造技术的上述特点，使其成为当前先进制造、结构设计和新材料等技术领域的国际前沿热点研究方向。增材制造上述技术优势的充分发挥，必将引发装备结构设计和生产制造模式的变革。

增材制造通过逐层材料添加的方式将数字模型制造成三维复杂结构的原理，不仅突破了传统制造技术对零件外形、几何尺寸和内部复杂结构的原理性制约，而且使广大装备结构设计人员可以充分利用和发挥增材制造技术的特点，彻底摆脱传统制造技术对结构创新设计的长期禁锢枷锁，放飞梦想，自由地进行以产品性能最佳化为目标的创新设计。

《增材制造设计（DfAM）指南》是国际上第一本详细介绍增材制造设计（DfAM）的专著，详细介绍了增材制造设计的规则、要素、工具和手段。相信中译本的出版，将对促进我国装备结构创新设计，提升装备性能和装备技术水平，以及推动增材制造技术的发展和应用产生积极作用。

北京航空航天大学教授、大型金属构件增材制造
国家工程实验室主任、中国工程院院士　王华明

推荐序二 Foreword

等材制造、减材制造与增材制造三种制造工艺构成了人类制造文明的历史传承，是人类在辩证统一下，对大自然规律认知的升级。

两千年前，老子有云“合抱之木，生于毫末；九层之台，起于累土；千里之行，始于足下。”在地球上，一颗种子长成参天大树是增材的过程；一个细胞成长为一个人，也是增材的过程，增材制造更加符合事物发展本质，顺应大自然规律。

增材技术作为一种使能技术，能够以功能和性能的产品设计为驱动和内核，突破常规装配和制造工艺限制，充分发挥制造的价值，是一种伟大的制造革命。当今世界正发生、面临、经历百年未有之大变局，我国正处于实现中华民族伟大复兴关键时期，急需普及增材技术和思想，将其融入到人们生活、生产的全过程，成为人们奋力开创制造业复兴新征程的重要助力。

在推动中国增材制造产业发展的过程中，我一直强调要“增减结合，取长补短，国际合作”。安世亚太组织翻译的《增材制造设计（DfAM）指南》是全球第一本增材制造设计专著，体现了“国际合作，洋为中用”的全球化思想，非常具有理论意义和实践意义。

《增材制造设计（DfAM）指南》强调增材思维驱动，从设计端着手，为产品功能设计而不是常规的为装配和制造工艺限制的设计，充分发挥增材能够打印足够复杂的产品的核心优势。

该书详细分享了在增材制造设计上必须考虑的设计准则、设计方法和途径，本书中译本将为我国增材产业从业者、工业产品研发设计、工艺和制造人员，带来全方位的、以增材思维为驱动的增材制造设计细节知识和工程应用经验分享。

第四次工业革命的标杆性技术正对经济产生重大影响，从简单的数字化（第三次工业革命的成果）到基于技术融合的创新（第四次工业革命）正迫使企业重新审视经营方式和产品研发方式，增材制造作为颠覆性的创新技术，必将驱动第四次工业革命，从产品的设计研发到制造与运营。

无论如何，增材制造设计带来的产品设计的创新和革命一定是最基础、重要和核心的。接受增材思维驱动的增材制造设计的洗礼、思考和实际践行，让人们更加自信地迎接第四次工业革命的到来。

中国增材制造产业联盟荣誉顾问　林宗棠

译者序 The Translator's Words

直到现在，不少人提到增材制造或3D打印时，还是将其等同于车、铣、刨、磨或快速成型的一种新工艺技术，将其定位在单件或小样加工的场景，想到的只是实现复杂结构、轻量化、个性化以及快速样品制作，最多再加上压缩零部件供应链，实现中间件的零库存等。而增材制造的价值仅止于此吗？实际上，增材制造的独特优势在于，作为在数字技术驱动下回归自然界“生长造物”的新方法，增材制造设备有充分的时空窗口对建造物质的物性进行细粒度、高分辨率的主动控制，所输出的三维实体既承载了高密度的形状信息，也被附加了高分辨率的材料物性信息，使得最终制品的成型与定性得以同步完成。

我们认为，增材制造将更精密的设计信息承载到物理实体上，意味着所生成的制品具有更强的功能性，进而能够带来性能的飞跃。因此，在实现材尽其能、物尽其用，释放复杂成型能力的表象下，增材制造的真正价值在于回归设计本源，回归产品功能，重塑增材思维，实现造物不止于形的造物革命。基于增材思维的先进设计与智能制造，从根本上改变了传统制造未站在系统高度把握产品设计、工艺设计和制造过程，造成设计与工艺以及工艺与材料各自为政、严重脱节，甚至相互割裂对立的现实局面，破解了前三次工业革命遗留下来的设计制造一体化困局。作为新一代的物质生产技术，增材制造技术将与新一代信息技术深度融合，成为第四次工业革命的核心技术引擎。

而增材制造设计（Design for Additive Manufacturing，DfAM，简称增材设计）就是安世亚太提出的基于增材思维的先进设计与智能制造整体解决方案（见图1）中的一块重要基石。虽然增材设计名义上被认为是应用于增材制造工艺的可制造性设计（DFM），但由于它在关注增材制造工艺的商业化应用过程中实现对零件、组件甚至系统的重新设计，因此其内涵远远超越了传统的DFM，而成为基于增材思维的先进设计与智能制造新一代造物革命下的全新设计范式。

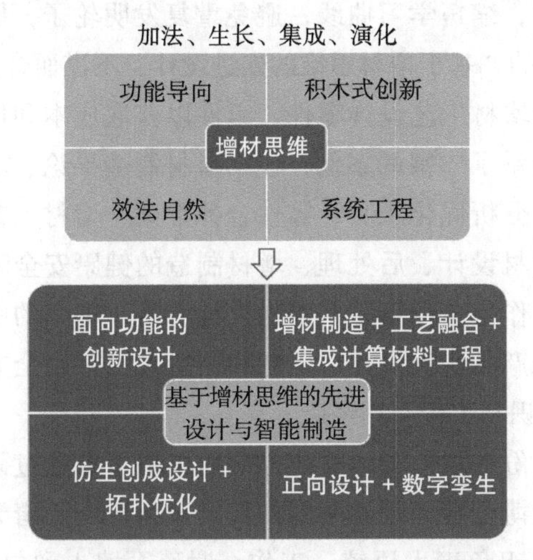

图 1　基于增材思维的先进设计与智能制造（来源：安世亚太）

所以，当我们看到瑞典隆德大学的三位学者——奥拉夫·迪格尔（Olaf Diegel）教授、阿克塞尔·诺丁（Axel Nordin）博士和达米恩·莫特（Damien Motte）博士在 2019 年 5 月出版的全球第一本增材设计专著——《A Practical Guide to Design for Additive Manufacturing》时，就在第一时间购入并进行评估，确认这是一本高水平的专著后立刻联系出版社和作者，启动中文版权商谈和中文版翻译工作。

图 2　奥拉夫·迪格尔教授和他的 3D 打印吉他（来源：3dnatives.com）

2019 年 8 月，奥拉夫·迪格尔教授在接受 PLM Group 媒体采访时，谈到了写作本书的起因：人们看待增材制造技术的（另）一个极端，就是把它作为完全取代减材制造等传统工艺的“点金术”，而实际上增材制造和减材制造应该是互补的关系；加速增材制造技术大规模商用化的关键，是学习增材设计；为了服务广大增材设计和制造从业人员，缩短学习曲线，避免重复发明轮子，撰写了这本书。这一理念与安世亚太倡导的“基于增材思维的先进设计”不谋而合。

本书就如何基于增材工艺设计零件、组件以获取成本和性能的最大收益，提供了详尽的指南并列举了丰富的案例，包括增材制造导论、增材制造工艺、增材设计战略、增材设计分析优化工具、零件合并准则、增材工艺工具设计准则、面向聚合物和金属的增材设计、后处理、增材制造的健康安全和零件认证以及增材制造的未来等内容。作为全球第一本增材设计专著，本书的中译本将给我国增材产业从业者以及工业产品研发设计、工艺和制造人员带来全方位的以增材思维驱动的增材设计细节知识和工程应用经验分享。

安世亚太科技股份有限公司增材业务部门组织了专业过硬、阵容强大的团队来翻译本书。段海波博士翻译了本书的初稿。黄科博士、唐天博士、包刚强和段海波博士组成四人小组负责术语统一工作。谢琰军博士和包刚强负责模板设计。谢琰军博士和张亦舒负责第 1、4、5、6 章的翻译，黄科博士、张浩博士、左乾隆和黎万乔负责第 2、9、11、12 章的翻译，张效军负责第 3 章的翻译，唐天博士负责第 7、8 章的翻译，贺进和包刚强负责致谢、前言、第 10、13、14 章的翻译，黄科博士、唐天博士和贺进负责缩略词和术语表的翻译。贺进和张亦舒负责版本管理和合稿。包刚强负责书稿校对、审阅和项目管理。寿晓星负责商谈版权和联系出版事宜。安世亚太科技股份有限公司董事长张国明先生对本书的引进和翻译工作给予了最大支持。

在本书的翻译出版过程中，得到了三位作者、Springer 出版公司和机械工业出版社的大力支持，王华明院士和林宗棠老先生为本书撰写了推荐序，在此一并表示感谢。

期待本书能为推动我国增材制造产业发展和工业产品创新与换代升级贡献一份力量。

段海波　包刚强
2020 年 7 月

Preface 前 言

本书旨在为零件设计过程中如何最大化发挥增材制造技术的优势提供实用性的指导。增材制造技术是关于创新的天赐之物，它能快速有效地验证设计师和发明者的想法。增材制造作为一种快速成型技术已经被广泛应用，迄今已有超过30年的历史。增材制造可以消除传统制造对创新造成障碍的局限性，同时，允许用户在消除高成本对创新产生负面影响的前提下，将真正的产品推向市场。

当应用增材制造技术时，要意识到它并不能消除所有的制造约束。相反，设计师如果希望通过运用增材制造技术提高产品的价值，则需要从另外的角度进行设计上的考虑。否则，增材制造很容易成为一种低效且不经济的产品制造方式。

同样需要明白的是，不像过去几十年里市场上所宣传的那样，增材制造并不是一项可以制造任何东西的“简单”技术。只有对不同技术进行深入的了解才能帮助设计师进行设计。事实上，打印金属零件是非常困难的，只有增材制造过程确实能为产品增加价值时才考虑用金属打印。

在本书中，您将发现一些不断重复出现的概念，如支撑材料、打印方向、后处理等，这些概念之所以被重复，是因为它们对如何学习使用DfAM发挥增材制造的成本效益和增值作用至关重要。

需要说明的是，由于增材制造技术的不断更新和发展，新技术、新材料以及新方法对工艺过程的改进将促使我们对增材制造设计指南进行不断的升级。本书只涵盖了截至目前所涉及的增材制造技术。如果您发现任何主要的设计技术或后处理技术有遗漏，请联系我们，我们会努力将其呈现在下一个版本中。

本书中介绍的大部分信息都是从大量的资料来源中收集的，我们尽可能对书中用到的材料和图片的来源做了确认。如果发现数据来源不同或有冲突，我们基于自己的经验，联合不同来源，谨慎地对数据的全部范围进行了引用。为了阅读方便，本书刻意没有使用APA、Harvard或其他类型的参考文献引用撰写形式。假如您发现我们没有给出书中所引用数据的正确来源，请告知我们，我们将在下一个版本中进行更正。

最后给那些想通过增材制造技术来实现增值的工程师和设计师一些建议：增材制造允许您以不同的方式进行思考，可以帮助您实现复杂设计形状的制造，因此您要大胆地设计，尝试新想法，来看看它们是否可行。

人们常说，要想创业和创新，就要敢于面对出师不利和屡战屡败。有了增材制造技术，我们才有能力失败得更快且更频繁。而且，这是一件好事。

奥拉夫·迪格尔（Olaf Diegel）

Acknowledgements 致谢

要特别感谢特瑞·霍勒斯（Terry Wohlers）先生和伊恩·坎贝尔（Ian Campbell）教授的帮助，当我们为一系列课程开发一套 DfAM 指南时，他们帮助我们创建了这本书的理念。

还要特别感谢世界各地数百位增材制造领域的人士，他们为这本书的创作做出了很大贡献。增材制造领域间的相互合作越多，增材制造的方法就越能够在工业界得到广泛应用。

关于作者 About the Authors

奥拉夫·迪格尔（Olaf Diegel）是增材制造和产品开发的教育者和实践者，在应用创新方法解决工程问题方面拥有出色的、有目共睹的业绩。

在瑞典隆德大学工程学院设计科学系担任产品开发教授期间，奥拉夫积极参与产品开发的各个环节，并在增材制造和快速产品开发领域发表了大量的文章。在咨询方面，他为世界各地的公司开发了各种各样的产品。在过去的30年里，他开发了100多种商业化的新产品，包括新的剧院照明产品、安防和航海产品以及家庭健康监控产品，并因此多次获得产品开发奖。

奥拉夫是一位3D打印（增材制造）的热情追随者。2012年，奥拉夫开始用3D打印制造吉他和贝斯，并将其发展成为一项副业（音乐治愈了奥拉夫，使他能够制造出将高科技和传统手工艺相结合的产品）。

阿克塞尔·诺丁（Axel Nordin）拥有瑞典隆德大学机械工程专业硕士学位和机械设计专业博士学位，并多次参与政府资助的研究项目。他主要负责研究如何将复杂的外形设计集成到定制化产品中，例如，如何将数值计算、制造、结构设计和实用性问题（包括拓扑优化、创成式设计）综合地应用到增材制造领域中。

达米恩·莫特（Damien Motte）是瑞典隆德大学工程学院产品开发专业的副教授。他在瑞典隆德大学获得产品开发专业的博士学位，在法国巴黎中央理工学院工业工程实验室获得研究硕士学位，在法国阿尔比矿业大学获得工业工程硕士学位。他的研究领域包括替代性工程设计、增材制造设计和产品开发方法论。

缩 略 词

以下是增材制造和3D打印领域使用的缩略词：

3DP　3D打印

3MF　增材制造文件格式，用于描述三维模型的颜色、纹理、材质和其他特征。由微软和其他公司在2015年发起的3MF联盟正在进行文件格式的开发

ABS　丙烯腈–丁二烯–苯乙烯共聚物，是一种耐冲击且韧性高的热塑性聚合物

AJP　气溶胶喷射打印

AM　增材制造

AMF　用于传递增材制造的模型数据的增材制造文件格式，包括对3D打印零件表面几何形状的描述以及对颜色、材料、晶格、纹理和元数据的本地支持

B2B　企业对企业

B2C　企业对消费者

BAAM　大面积增材制造。一种大尺寸的材料挤压技术

CAD　计算机辅助设计。使用计算机来设计真实或虚拟的物体

CAE　计算机辅助工程。CAE软件提供了工程模拟和分析的能力，如确定一个零件的强度或其传热能力

CAM　计算机辅助制造。通常是指使用表面数据驱动数控机床（如数控铣床和数控车床）来生产零件、模具和冲模的系统

CLIP　连续液面生长

CNC　计算机数字控制。配备CNC功能的机器包括数控铣床、数控车床和数控火焰切割机

CT　计算机断层扫描。CT扫描是一种利用电离辐射捕获物体内部和外部结构的方法。CT扫描创建了一系列的二维灰度图像，可以用来构建一个三维模型

DDM　直接数字制造。参见术语表中的定义

DED　定向能量沉积。参见术语表中的定义

DfAM 增材制造设计

DLP 数字光处理，一项由德州仪器公司开发的技术

DMD 直接金属沉积

DMLS 直接金属激光烧结。参见术语表中的定义

DMP 直接金属打印

EBAM 电子束增材制造

EBM 电子束熔化

EDM 电火花加工。通过工具电极和工件电极之间的脉冲放电的电蚀作用，对工件进行加工的方法

FDM 熔融沉积成型

FFF 自由成型制造。增材制造的另一种名称

GF 玻璃填充

HIP 热等静压

ISO 国际标准化组织

LBM 激光束熔化

LENS 激光近净成型

LOM 分层实体制造

LS 激光烧结

MCAD 机械计算机辅助设计。使用 CAD 设计机械零件和装配件

MEMS 微机电系统

MJF 多喷嘴融合技术。由惠普研制的一种粉末熔融工艺

MRI 磁共振成像。可以代替 CT 扫描，提供更好的软组织对比，但其不使用电离辐射

NSF 国家科学基金会，其为美国政府资助机构

OEM 原始设备制造商

PA 聚酰胺。用于粉末床熔融系统的热塑性聚合物

PAEK 聚芳基甲酮。高熔点的热塑性聚合物，属于聚芳醚酮中的一种

PBF 粉末床熔融

PBT 聚对苯二甲酸丁二酯。用作绝缘体的一种强热塑性聚合物，耐溶剂

PC 聚碳酸酯。一种热塑性聚合物，具有高成型性和高抗冲击性

PCL 聚己内酯，其为可降解聚酯，用于生产特种聚氨酯

PEEK 聚醚醚酮。高熔点的热塑性聚合物，属于聚芳醚酮中的一种
PEI 聚乙烯亚胺。一种用于黏结剂、洗涤剂和化妆品的聚合物
PEKK 聚醚酮酮。高熔点的热塑性聚合物，属于聚芳醚酮中的一种
PHA 聚羟基脂肪酸酯，其为脂类或糖的细菌发酵自然产生的可降解聚酯，用于生产生物塑料
PIM 塑料注射成型。用热塑性材料如聚丙烯、聚酰胺（尼龙）、聚碳酸酯、ABS、聚乙烯和聚苯乙烯注塑零件的方法
PLA 聚乳酸，其为可降解的热塑性聚合物，通常从可再生资源中提取
PLLA 左旋聚乳酸，其为由玉米淀粉、甘蔗或木薯根制成的可生物降解的聚酯
PMMA 聚甲基丙烯酸甲酯。一种热塑性聚合物，用于体素级黏结剂喷射工艺
PP 聚丙烯。一种热塑性聚合物，广泛应用于各种制造领域
PPS 聚苯硫醚。一种有机聚合物，常用于制造滤布
RE 逆向工程。参见术语表中的定义
RM 快速制造
RP 快速原型。参见术语表中的定义
SFF 实体自由成型制造。增材制造的另一种名称
SHS 选择性热烧结
SL 立体光固化
SLA 立体光固化或立体光固化装置
SLM 选择性激光熔化
SLS 选择性激光烧结
SME 中小企业
STEAM 科学、技术、工程、艺术和数学
STEM 科学、技术、工程和数学。经常与学校的教育政策和课程发展结合使用，以帮助提高竞争力
STL 用于机器建立物理零件 3D 模型数据的文件格式。STL 是增材制造系统事实上的标准接口。STL 来源于立体平版印刷术。STL 格式使用三角形切面来近似物体的形状，列出按右手规则排序的顶点和三角形的单位法线，并排除 CAD 模型属性
TPU 热塑性聚氨酯。一类聚氨酯塑料（热塑性弹性体），具有相同的弹性、透明性和耐油性
WAAM 电弧增材制造

目 录 Contents

Chapter1 第1章

增材制造导论

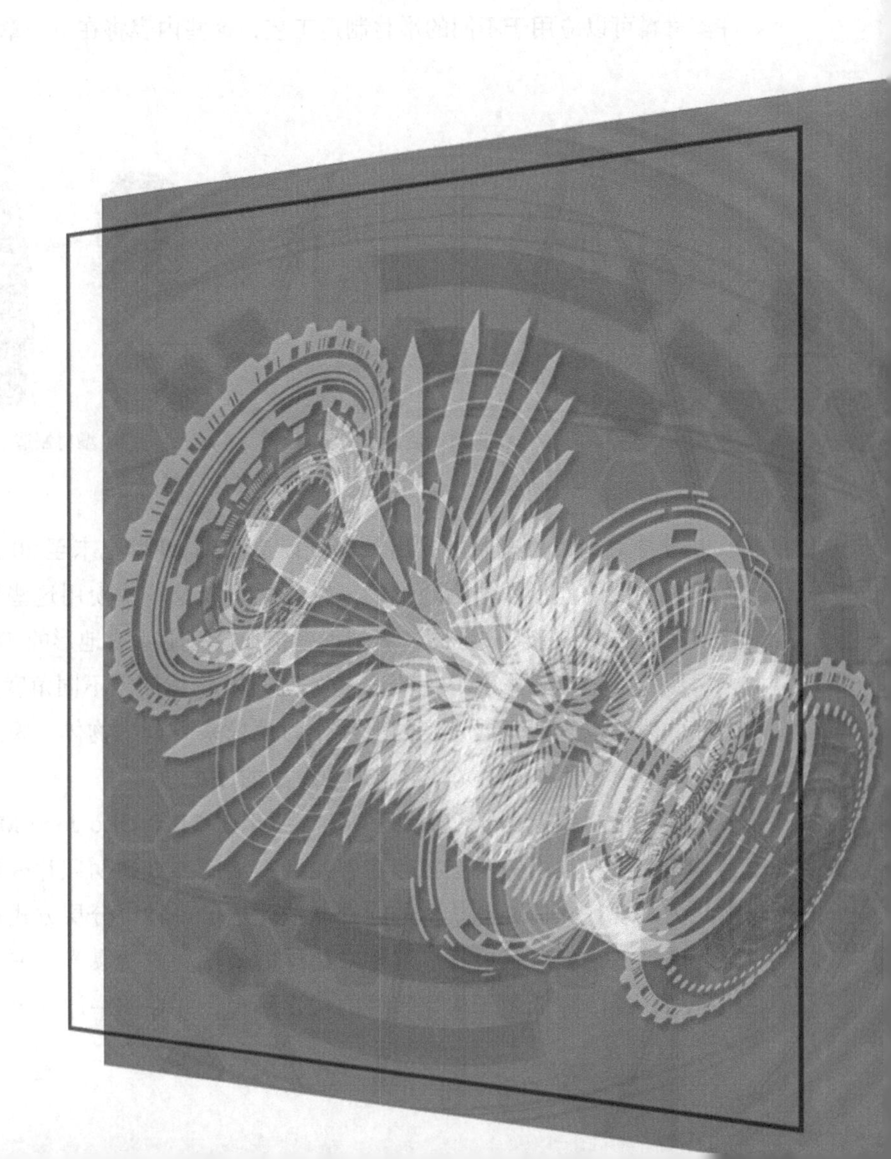

1.1 什么是增材制造

增材制造（Additive Manufacturing，AM）涵盖了一系列技术，这些技术采用逐层构建零部件的方法从虚拟的三维模型逐渐构造出实体的零部件。

传统的减材制造工艺是从一块材料上去除所有不需要的材料（通过手工雕刻，或者使用铣床、车床或CNC机床等设备来实现），直至得到所需的零件（图1-1a）。与减材制造工艺相比，增材制造是从零开始的，通过依次在前一层的顶部“打印”新的一层来构建零件，直至零件完成（图1-1b）。根据所使用的特定增材制造技术，每一层的厚度也有所不同，在几微米到约0.25mm之间变化，当前有许多材料可以应用于不同的增材制造工艺，这些内容将在下一章中讨论。

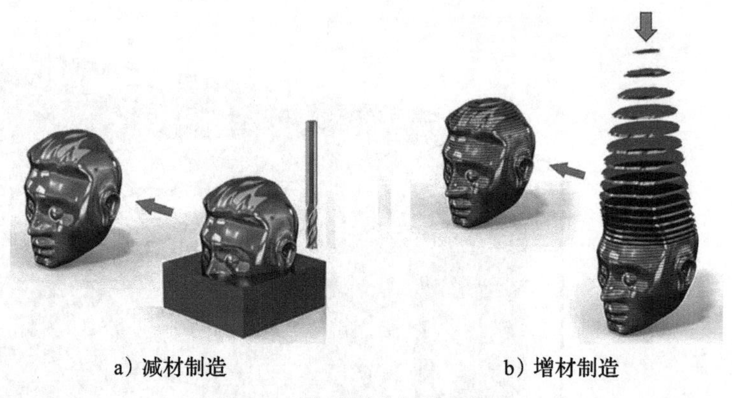

a）减材制造　　b）增材制造

图1-1　减材制造与增材制造

增材制造相关概念的提出最早可以追溯到19世纪末至20世纪初，当时引入了基于分层的地形图作为地形的三维表示，以及一些使用这些拓扑模型生成三维地图的方法，如把纸质地图包裹到现有拓扑模型上生成地形的三维模型。

照相雕塑也起源于19世纪末，它通过从物体周围不同角度拍摄的一系列不同照片，然后以这些不同角度的照片作为模板来雕刻出物体，因此最初的减材制造工艺中出现了几种使用光敏材料创建模型的方法。

现代增材制造始于20世纪中叶，源于1951年Otto John Munz提出的一项专利，其本质上是由一层层打印在感光乳剂上的二维透明照片叠加而成的，该专利被认为是现代立体光刻技术的起源。他开发了一种以分层方式选择性地曝光透明感光乳剂的系统，其中每一层都对物体的横截面进行曝光。就像现代的立体光刻机一样，逐渐降低用于构建零件的构建平台，并在前一层的上方添加下一层感光乳剂和定影剂。一旦完成打印过程，该系统便生成一个包含物体三维图像的透明实心圆柱体。这个系统的一个缺点是最终的三维实体必须通过二次加工（人工雕刻或光化学蚀刻）从圆柱体中取出。

在随后的几十年中，陆续出现了一系列新的技术。1968 年，Swainson 提出了一种通过选出三维聚合两个激光束相交处的光敏聚合物来直接制造塑料模型的技术（该专利转让给了 Formigraphic Engine 公司）。Battelle 实验室也进行了一项名为“光化学加工”的工作，即通过在相交的激光束下曝光相应材料产生的光化学交联或聚合物降解来制备物体。

1971 年，Ciraud 提出了一种粉末工艺，可以将他视为现代直接沉积增材制造技术（如粉末床熔融）之父。1979 年，Householder 开发了初期的基于粉末的激光选区烧结工艺，他在专利中讨论了依次沉积粉末平面层并选择性固化每一层的局部位置。固化过程可以通过使用热量和控制热量来实现，控制热量的方法包括选定掩模和控制热扫描过程（如激光扫描）。

其他值得关注的早期增材制造的研究成果包括日本名古屋市工业研究所的 Kodama 开发的许多与立体光刻相关的技术，以及 Herbert 与 Kodama 一起开发的一种控制紫外激光的系统，该系统借助 x–y 绘图仪上的反射镜系统，将激光束照射到光敏聚合物层上，以扫描模型的每一层，然后将构建平台和构建层在树脂桶中降低 1mm，并不断重复该过程。图 1-2 所示为增材制造早期部分零件示例。

图 1-2　Householder、Kodama、Herbert、Manriquez Frayre 和 Bourell[1] 提出的增材制造早期零件示例（由 Ismail Fidan、Dave Bourell 和 IS&T：The Society for Imaging Science[2] 提供）

随着商业可用系统的发展，人们今天所熟知的商业化的增材制造直到 1986 年才真正开始出现，当时 Charles W. Hull 拥有立体光刻专利，该专利最初由 UVP 股份有限公司拥有，该公司将这项专利授权给其前雇员 Charles W. Hull，他使用该专利的技术创建了 3D Systems 公司。随之发展到 1988 年出现了第一台商用 SLA 机器，从那时起，几乎每年都可以看到可用系统、技术和材料的指数级增长。

在过去的30年中，与增材制造相关的术语也发生了很大变化。因为各种可用技术的主要用途是制作概念模型和预生产原型，所以在20世纪90年代的大部分时间里，用于描述逐层制造技术的主要术语是快速原型（Rapid Prototyping，RP）。其他一些术语（包括实体自由成形制造（Solid Freeform Fabrication，SFF）和分层制造）也被使用了很多年。

但是，在2009年初，ASTM F42增材制造技术委员会试图标准化该行业使用的术语，在一次会议上，经过许多行业专家关于最佳术语的讨论，最终得出了“增材制造”一词，如今，“增材制造”被认为是行业标准术语。

在ASTM F2792 10e1增材制造技术标准术语文件中，增材制造被定义为：根据三维模型的数据逐层地将材料连接起来以制备出物体的过程。该工艺与减材制造工艺（如传统机加工）相反。

减材制造是从较大的材料块中去除材料直至获得最终产品，与减材制造工艺不同，大多数增材制造工艺不会产生过多的废料。如果将经过增材制造设计的零件与通过常规制造生产的单个零件进行比较，那么前者通常不需要大量的时间来去除多余的材料，进而能够减少制备时间和成本，并且能减少浪费。但是，这不应被错误地理解为增材制造总是能够制备出比传统制造更便宜的零件。实际上，在许多情况下恰恰相反，因为增材制造是一种相对费时且成本高昂的技术，这一点在3.5节中有更详细的讨论。但对AM经济性方面的考量很大程度上取决于所使用的AM技术类别，以及可以使用的许多可能的设计参数，这些也是本书所介绍的内容。

应该指出的是，尽管工业上通常采用增材制造这个术语，但许多大众媒体仍将增材制造称为3D打印，因为这是公众更容易理解的术语。一些人认为3D打印一词集中在低成本的、以业余爱好打印为主的桌面3D打印机上，而增材制造一词则集中在高端工业生产系统中。当讨论制备过程时，本书将交替使用这两个术语。

1.2 增材制造工艺链

所有增材制造都从创建虚拟三维CAD模型开始，这个过程几乎可以使用任何三维计算机辅助设计（Computer Aided Design，CAD）软件来完成。但是，用于增材制造的CAD模型必须采用完全封闭的“水密”体积形式（例如，一个立方体模型必须包含所有六个面，并且接缝处没有间隙)。如果模型的其中一个面出现缺失或存在间隙，则表示为无限薄表面，无限薄表面是无法打印的（图 1-3）（不过可以根据错误的严重程度使用某些 AM 软件自动修复模型)。

图 1-3　一个非水密的开放表面模型，由于它由一组无限薄的面组成，因此无法打印

然后需要将 CAD 文件转换为能够被 AM 机器识别的文件格式。当前，能够被 AM 机器识别的最常用的文件格式是 STL 文件（也称为标准三角语言、立体光刻语言或标准曲面细分语言)，该格式可以将原始 CAD 文件转换为三角面片文件。STL 文件的分辨率越高，它包含的三角面片越多，因此模型的质量越好，如图 1-4 所示。

原始 CAD

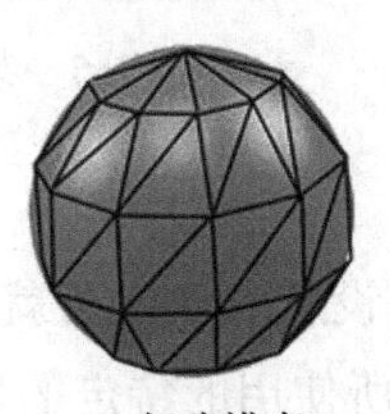
低分辨率

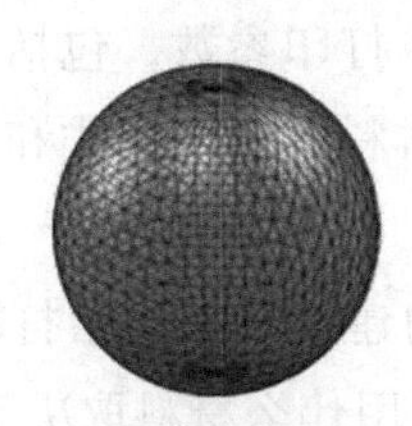
中等分辨率

高分辨率

图 1-4　STL 文件分辨率示例

最近，有人提出了一些新的增材制造文件格式，包括增材制造文件格式（Additive Manufacturing File Format，AMF）和 3D 制造格式（3D Manufacturing Format，3MF)，这些格式大大改进了有些过时的 STL 格式，因为它们向文件中添加了更多信息，包括颜色和材料，并允许使用弯曲的三角形来改善模型质量。在这些文件格式发布的时候，3MF 似乎比 AMF 更具有吸引力。

3MF 或 3D 制造格式是由 3MF 联盟开发和发布的文件格式。该文件格式是专门为 AM 设计的基于 XML 的数据格式，它包含材质、颜色以及其他无法用 STL 格式表示的信息。3MF 文件格式正在被 Autodesk、Dassault Systems、Netfabb、Microsoft、SLM Solutions、HP、Shapeways、Materialise、3D Systems、Siemens PLM Software 和 Stratasys 等公司采用。

一些研究人员正在致力于研究如何直接从本机 CAD 格式进行打印，这是最有前途的方向，因为它避免了所有文件转换的过程，从本质上说，文件转换会降低模型的质量。然而，当前大多数AM系统和台式3D打印机仍在使用STL文件。

随后，由CAD软件生成的STL文件将在AM机器的软件中被打开，并将模型以最适合打印的方向放置在软件的虚拟构建平台（将在其上部打印零件的平台）上。打印方向会影响表面质量和最终零件的强度。例如，某些打印过程会产生高各向异性的零件，这些零件的各层之间或打印的垂直方向上存在缺陷。在打印过程中，有时也会使用支撑材料（图1-5），以确保能够打印悬垂的零件。这些方面对于增材制造至关重要，因此将在后续章节中详细讨论。

图1-5 某些打印过程所需的支撑材料示例

随后，增材制造设备中的软件将会对STL文件中的模型进行切片操作，有些软件还允许设置其他打印参数，包括打印分辨率（层厚）、材料、填充模式和速度等。

一旦软件将零件构建指令发送给打印设备，该设备就会开始逐层构建零件。如何构建每一层以及使用什么材料取决于所使用的特定的增材制造技术类别，大多数常见的增材制造技术将在第2章中进行讨论。

增材制造过程链如图1-6所示。

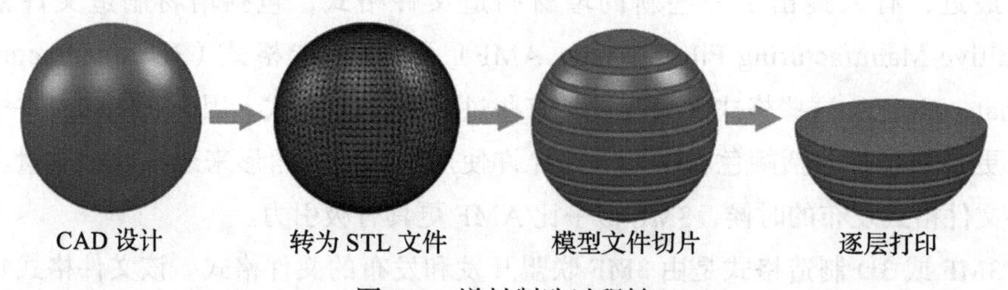

图1-6 增材制造过程链

设备完成零件打印后，需要将零件卸下并进行后处理。后处理包括清除零件残留的粉末或树脂以及去除支撑材料，并且大多数情况下，如果AM机器打印的表面不能满足要求，为了得到更精细的表面，则可能还需要进行诸如机加工等的进一步处理，还有能使零件强度提高的浸渗处理以及金属零件的热处理。如果零件需要的颜色不是 AM 材料所提供的颜色，则可以对零件进行着色和喷漆处理。

1.3 增材制造的当前应用

在过去的 30 年中，AM 已经在越来越多的应用领域中使用。*Wohlers Report* 是一项领先的年度行业状况报告，它每年都会进行一次调研，目的是调查清楚 AM 的应用领域。2018 年 *Wohlers Report* 提供了有关 AM 应用领域的数据，如图 1-7 所示。

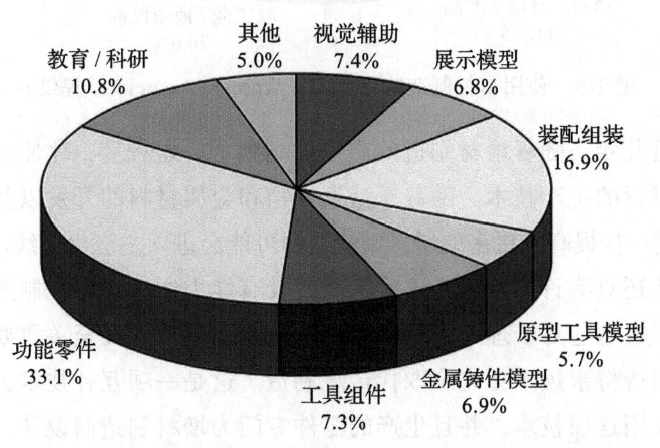

图 1-7 目前 AM 的应用领域（由 Wohlers Associates 提供）

值得注意的是，尽管 43.9% 的应用于快速原型领域（包括装配组装、功能模型、展示模型和视觉辅助），但使用 AM 来直接或间接生产实体零件的应用现在已经超过了 56%。这些应用包括用于原型工具模型、金属铸件模型、工具组件以及直接生产零件。Wohlers 认为，随着越来越多的行业将 AM 用作其不断增长的制造业务的一部分，该百分比在未来几年内将大幅增长。

自 AM 技术出现以来，其已经发展于两个截然不同的领域。特别是在过去的十年中，高端机器已经取得了很大的进步，这些机器能够用多种材料生产出高质量的零件。同时，DIY 和桌面 3D 打印机社区有了巨大的增长，其入门级的增材制造系统种类繁多，价格从几百美元到几千美元不等。整个社区（如 reprap、fablab 和 makerbot 社区）已经发展起来，这些社区通常采用开源的方式来共享增材制造的知识，极大地推动了该行业的发展。

另外，值得关注的是，使用增材制造的行业也日益增多（图 1-8）。

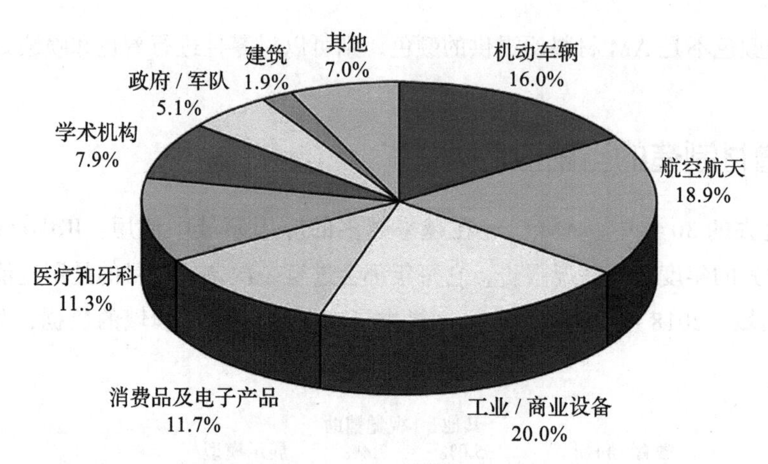

图 1-8　使用增材制造的行业（由 Wohlers Associates 提供）

直到最近几年，随着增材制造的质量提高到了一定程度，才使得一些公司开始将其用作可行的生产技术。随着新型聚合物和金属材料的开发以及机器打印速度和精度的进一步提高，更多的增材制造机器可能会进入主流生产线。

增材制造还具有许多特质，这些特质使其有能力制造出传统制造技术无法制造的零件。了解这些对于理解何时使用以及何时不使用 AM 至关重要。同样重要的是，增材制造将永远不会完全取代传统制造。这是一项互补技术，如果是由于创造价值而使用这项技术，并且生产的零件专门为增材制造而设计，那么这项技术可以为公司创造巨大的价值。下面列出了 AM 与常规制造相比的一些优势。

1.4　增材制造的优势

AM 是一种比较昂贵的加工工艺，因此，为了使这种加工工艺能够作为一种生产方法来获利，它必须为产品带来附加值。这既可以通过降低产品的生命周期成本，也可以通过向客户收取更高的价格来实现。下文介绍了通过采用增材制造工艺为产品带来附加值的一些方法。

1.4.1　零件复杂度

增材制造可以制备出具有复杂特征的零件和产品，而这些零件和产品很难通过减材制造或其他传统制造工艺来生产。对于传统的制造来讲，零件的几何形状越复杂，制造的零件就越昂贵，并且当零件复杂到一定程度时就不可能被制造出来了。增材制造工艺却恰恰相反，零件的几何形状越复杂，就越适合采用AM工艺，因为制造复杂零件的成本并不会比制造简单零件的高（关于这一点有一些例外情况，特别是当支撑材料很难去除时，这将在本书的后续章节进行讨论）。但是，如果零件非常简单，与传统制造相比，AM工艺就成了一种昂贵的制造零件方式。

采用增材制造技术，既可以在产品的外部和内部构建出更复杂的形状，也可以改善产品性能和/或增加美学吸引力。前者可以转化为较低的运行成本，而后者可以转化为更高的价格（图1-9）。

例如，对于传统的注射成型零件或压铸零件来说，必须将其从制造它们的模具中取出，因此在进行设计时必须考虑到要能够将零件从模具中取出。对于简单的“打开和关闭”模具零件来说，这不是问题，但是随着零件复杂程度的增加，必须使用许多“活动型芯”，这会大大增加工具的复杂性和成本。并且，当零件复杂到一定程度之后根本无法制造，除非将其分解成许多较小的零件，然后再将这些小零件组装起来才能得到所需的零件。而AM可以有效地解决这些问题，因为它可以直接制造复杂零件（图1-10）。

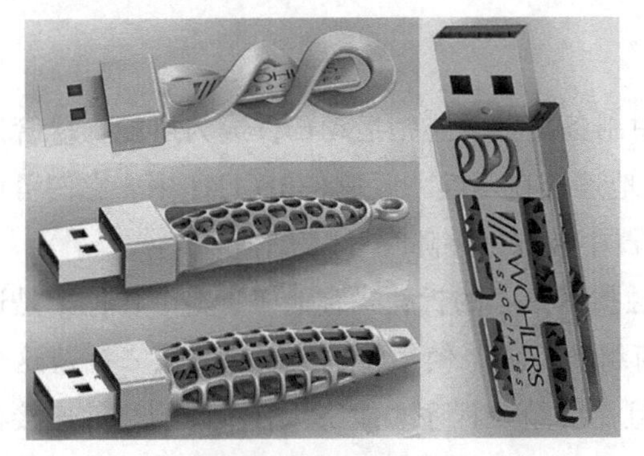

图1-9 用传统制造很难或不可能制造出的复杂几何形式的示例

图1-10 西门子涡轮燃烧器，该零件无法一体化加工或铸造，但可以通过增材制造来实现一体化制备（由西门子提供）

如图1-10所示，西门子涡轮燃烧器的金属零件不易加工或铸造，因为无法去除其内部模具组件或对零件内表面进行加工。用常规制造工艺制备该零件的唯一方法是将其分解为几个子组件，然后将它们焊接在一起。但是，如果可以将其制造为单个零件，就会有很大的优势。增材制造不受这些特定的复杂性限制。通常，零件的复杂性不会影响其是否可以被制造，甚至不会对成本造成极大影响。

西门子涡轮燃烧器从通过 18 个焊缝连接在一起的 13 个机加工零件降到了单个 AM 零件。由于 AM 制备的燃烧器能够提高冷却效果，因此也可以消除传统设计所需的隔热涂层。燃气进口被集成到燃烧器结构中，从而无需外部燃气进气管。AM 生产的燃烧器质量也从 4.5kg 降至 3.5kg。

应当指出的是，增材制造并不能消除所有的制造限制，而是将这些制造限制替换为一组不同的设计注意事项。如果设计人员希望成功使用增材制造技术，则必须考虑这些设计注意事项。这些设计注意事项和约束条件就是本书的重点。

使用增材制造所需考虑的一个简单的限制示例是无法制造完全密封的空心部分。例如，对于目前的增材制造技术来说，制备完全密封的中空球是不可能的，因为无法从球的内部去除多余的树脂、粉末或支撑材料。因此，必须在零件上留一个最小直径的孔，以便从零件内部清除多余的材料。

然而，使用增材制造所需考虑的新的设计注意事项比传统制造技术中的限制要少得多，这些设计注意事项对于设计人员来说更易于理解和遵守，而且不会对设计意图产生重大影响。

1.4.2 即时装配

增材制造使在现有的工作组件中制备复杂的连锁运动部件成为可能。尽管连锁运动部件中的两个组件可能会永久地连接在一起，但是在 3D 打印中，它们可以分别作为一个单独的部件，直接从机器中被取出并随时可以工作。

如图 1-11 所示为使用粉末床熔融技术打印的折叠式吉他架。整个吉他架是通过一次打印工序制备的，不需要任何组装。如果使用传统的制造方法来制造这个吉他架，则至少需要 16 个组件，并且需要组装程序才能将所有单独的组件连接在一起。

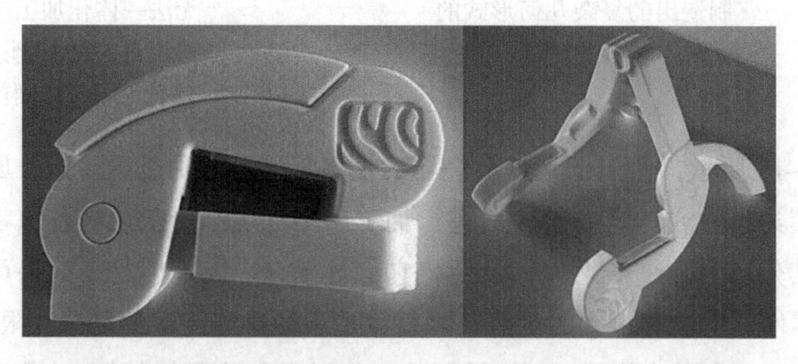

图 1-11　折叠式吉他架，采用聚合物粉末床熔融一体化制备

为了使增材制造工艺制备出更完整的组件，设计人员需要在移动的零部件之间留出很小的间隙。AM 机器不加工这些间隙中的材料，因此，在零件加工完成后，可以将其去除，使周围的组件能够自由移动。间隙的大小因工艺而异，但通常约为几分之一毫米。需要重点明确的是，按照工程标准，活动部件之间所需的间隙是重要的参数，因此，如果需要具有紧密工程配合的活动部件，则 AM 将很难以组装结构直接进行打印。本书的第 5 章将对此进行更详细的讨论。

图 1-12　使用零件合并制造出来的整个无人机只有六个核心组件（不包括公司标签）。若在较大的机器中打印，可能只需要制备两个组件

1.4.3　零件合并

零件合并是将几个简单的零件替换为一个更复杂的 AM 零件。图 1-12 所示为零件合并的示例。零件合并减少了组装和库存成本。本书的第 5 章将重点介绍 AM 零件合并的准则。

1.4.4　大规模定制

增材制造零件可以按需制造，因为不再需要较长的前置时间来生产模具。而传统批量生产所需模具的生产周期通常为几周到几个月。增材制造的这一特点对新产品进入市场的时间具有重大影响，它还可以使更改模型在产品的整个生命周期中变得更加方便。它对库存控制也有影响：由于可以现场制造零件，因此公司不再需要持有大量备件，只须在需要时方便及时地制造出该零件。增材制造的这一功能通常被称为“按需制造”。

从产品设计的角度来看，这还意味着在生产运行中所制造的每个组件可以与其他组件完全不同，而不会显著影响制造成本或制造时间。这为大规模定制打开了大门，尽管可以批量生产，但仍可以为每个客户定制生产每种产品。这种定制化生产已经在包括助听器、牙冠、植入物、医疗假体（图 1-13）、

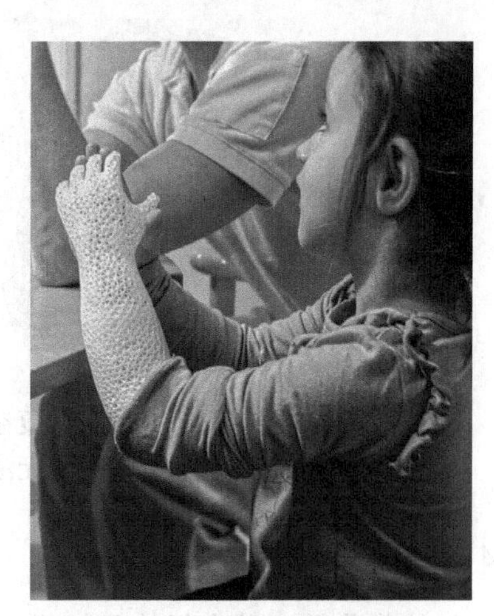

图 1-13　个性化定制的假肢

定制的矫形鞋垫等物品以及高端室内设计和时尚行业中开始成为现实。

为了有效地使用这种设计产品的新方法，产品设计和计算机辅助设计行业需要开发将个性化客户数据集成到其设计中的新方法。这方面已经取得了一些进展，特别是在助听器和牙科行业，这些行业中出现了自动采集患者数据的专用软件。通过激光扫描过程来获取患者的个性化数据，然后软件会自动进行数据处理、零件抽壳、为电子元件添加支撑等过程。当前，CAD 软件自动化程度的提高需要扩展涵盖到其他行业，包括消费品行业。

1.4.5　设计自由度

与传统制造相比，增材制造给设计师带来的最大优势之一就是设计自由。由于传统制造技术的限制，设计师最初的具有某种美学和功能的产品预期可能需要妥协，以便能够经济高效地进行生产。大多数设计师经常会听到制造工程师“不能那样做”的反馈。然后，他们需要折中自己的设计，以致产品失去了真正体现设计师想象力的本质。对于增材制造，复杂性和几何形状通常不再影响可制造性。几乎任何设计师想象的东西都可以按其想法精确地制造出来（前提是零件在后处理阶段可能需要大量的人工）。

尽管这与上面讨论的产品复杂性直接相关，但是这里谈论的是它使设计师和工程师更少受制造能力的限制，从而使他们能够以一种以前不可能的方式进行创新（图 1-14）。

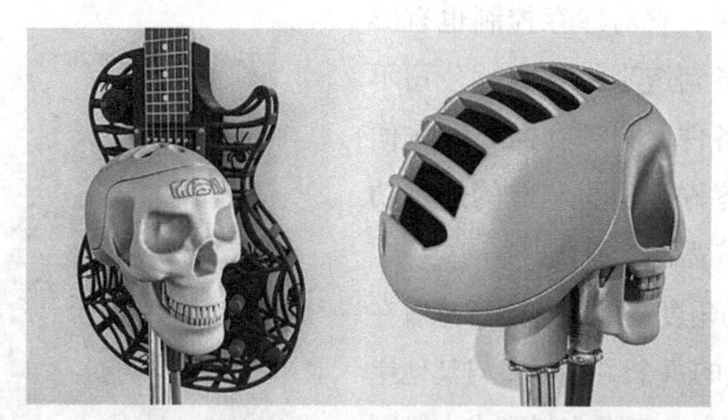

图 1-14　几何形状复杂的头骨形麦克风。使用传统的制造方法无法经济高效地制造该产品

1.4.6　轻量化

拓扑优化是一种在保持足够机械性能的同时从零件中去除尽可能多材料的方

法。它包括进行有限元分析（Finite Element Analysis，FEA），然后通过迭代去除不必要的材料。

拓扑优化已经存在很长时间了，但是由于拓扑优化得到的复杂设计无法通过传统制造方法来制备，因此拓扑优化没有得到广泛的应用。AM 可以制备拓扑优化得到的复杂设计，这开辟了一个全新的工程领域，即致力于制造更轻的产品。例如，在航空领域，任何重量的减轻都可以节省大量燃料。

以飞机座椅（图 1-15）为例，传统制造需要将一块质量为 16.2kg 的块体材料机加工成质量为 4.1kg 的成品。相比之下，拓扑优化的版本仅重 3.1kg。

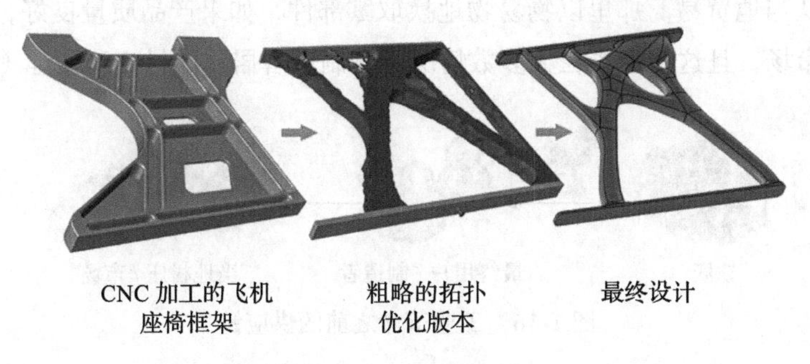

图 1-15　飞机座椅的优化过程

本书的第 4 章将重点介绍以最有效的方式使用拓扑优化。

1.4.7　按需制造

按需制造是在需要时按需生产商品的制造过程，对于增材制造来说，还包含在需要的地点生产商品的制造过程。在常规制造中，装配线会生产大量产品，然后将它们库存起来，直到准备好将其运送到预定位置为止。在按需制造中，只有在接到客户订单后才生产产品，并且仅生产当前需要数量的产品。如果使用 AM，则客户可以选择其所在地附近的 AM 系统，产品可以在本地制造，而不必在全球范围内发货。

人们可以看到增材制造拥有彻底打破现有供应链的潜力。这种新供应链的好处越来越明显。它有可能导致：

- 通过消除或极大地减少库存需求来节省成本。充满备件和存货的仓库可能成为过去。现在一般不再使用实体零件库存，而是转而使用数字化零件库存，并且仅在需要零件时才制备实体零件。

- 数字文件还提供了快速进行新产品迭代的功能，且只需很少甚至不需要额外的费用。而且由于不再需要保留旧产品的库存，因此可以迅速实施这些更改。
- 由于各种各样的零件来自于单一的制造商，因此这些使用3D打印制造商供货的交易风险更低、更可控，他们的产品在其生产周期中的灵活性也更高。
- 3D打印设备可以根据需求将来自全球的设计文件实现本地化打印，或者可以从附近的供应商处进行保密打印。

在工业革命之前，供应链非常短。大多数生产都在销售产品的地方进行，而长距离运输产品通常是不可行的。供应链通常始于最终用户自己制造产品，可能还会有一些人从当地贸易商那里以物易物地换取零部件，如果产品质量良好，则可以出售给其他市场，且这些市场在大多数情况下是制造者居住的村庄所在地（图1-16）。

图1-16　工业革命之前的供应链

相反，一旦工业革命期间开始大规模生产，产品便开始在某个地方进行大规模生产，然后通过中间商的复杂供应链运输到世界各地的最终用户。每个中间人都会增加一定比例的产品成本以获取利润，而且就目前来看，产品的运输和储存还影响了人们所生活的环境（图1-17）。

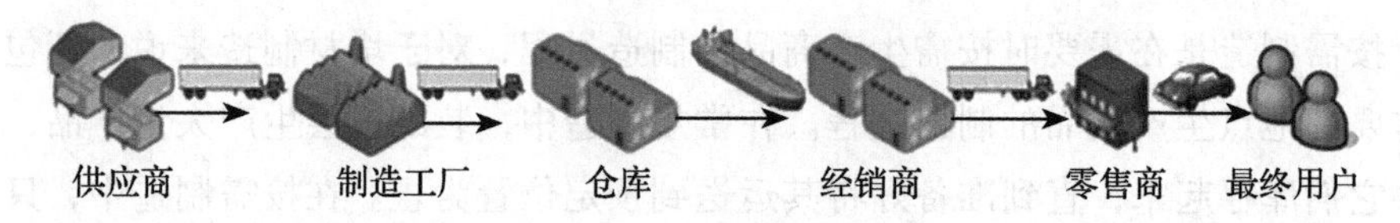

图1-17　当今的供应链

也许，随着AM在工业上的应用不断增加，人们可能会返回到更简单、更紧凑的供应链模型（图1-18），该模型更类似于工业革命之前的供应链。

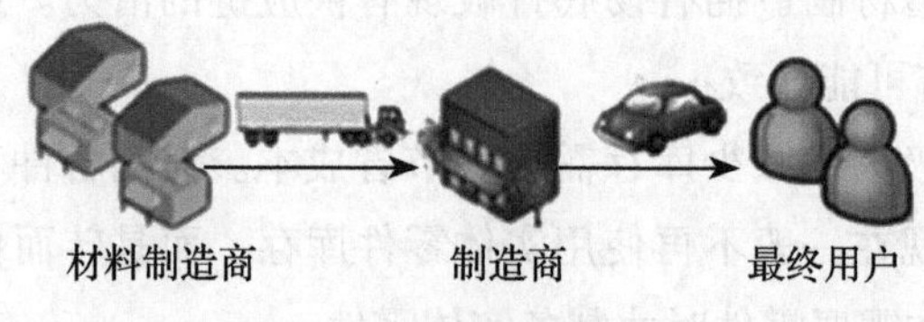

图1-18　未来的供应链

Chapter2 第 2 章

增材制造技术

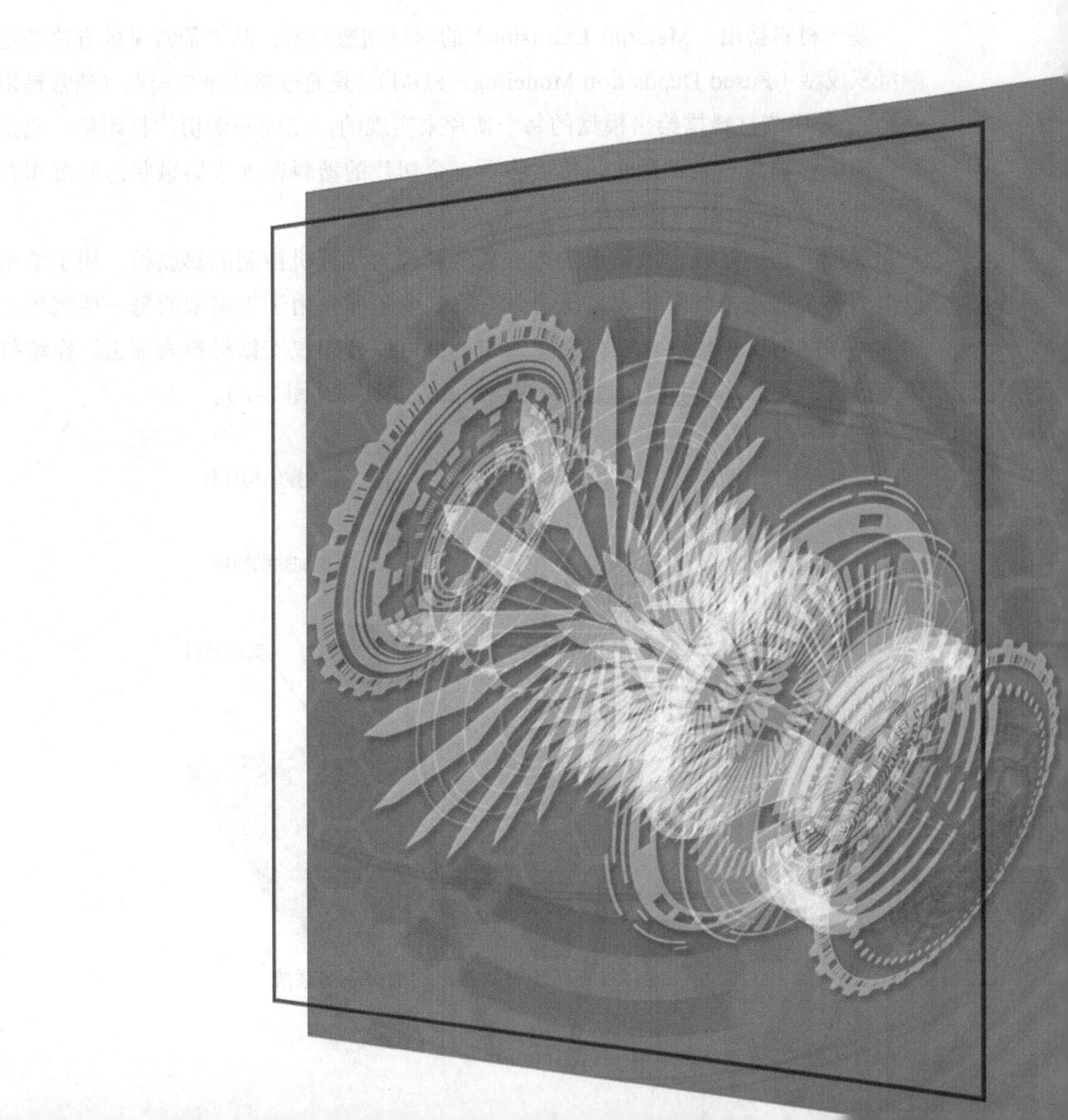

本章将介绍当今使用的主要增材制造技术。但是请注意，由于新技术在市场上不断出现，因此该领域还处于不断变化中。一些技术还有较小的变体，例如材料挤出，可能具有一个、两个或更多个挤出喷嘴。本章的目的不是覆盖现有的每一项技术，而是让读者全面了解 AM 技术的每种类别如何工作。

美国材料与试验学会增材制造技术委员会（ASTM F42）已建立增材制造技术术语，并按照将材料固化为零件的方式大致分类。下面使用的术语将与其保持一致。

2.1 材料挤出

基于材料挤出（Material Extrusion）的增材制造技术，其中最常见的方法是熔融沉积成型（Fused Deposition Modeling，FDM），是通过挤压细丝材料（通常是聚合物），并用该材料描绘出模型的每个切片来实现的。完成一个切片打印后，成型平台向下移动几分之一毫米，然后将下一个切片的塑料在处于熔融状态时沉积在上一个切片的顶部并与其结合。

要理解这一过程，最简单的方法是将其视为计算机控制的热胶枪，用于绘制模型的每个切片。材料挤出系统通常有第二个喷嘴，用于为模型的每一层沉积不同的可移除的支撑材料。任何悬垂的结构都可以打印在支撑材料表面上。模型打印完成后，支撑材料可以通过折断或溶解的方式移除（图 2-1）。

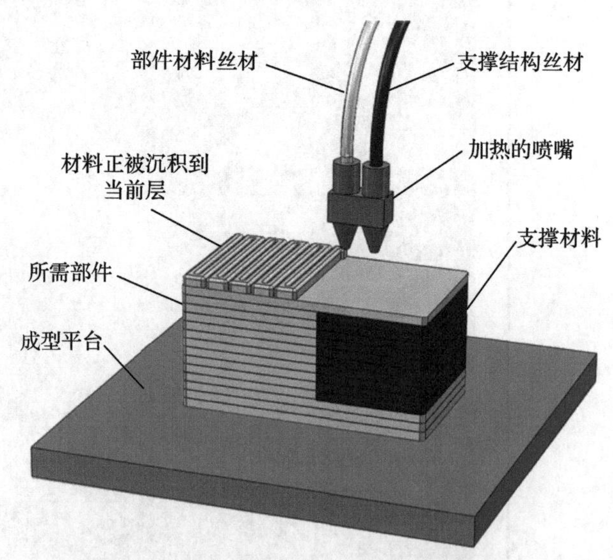

图 2-1 基于材料挤出的增材制造系统

现在市场上有许多材料挤出系统可以使用复合材料进行打印，包括连续碳纤维复合材料、短切纤维（碳纤维、凯夫拉纤维和玻璃纤维等）复合材料。这些使用的线材要么是聚合物与短切复合填充材料混合，要么是将聚合物与连续纤维丝共同挤出。

金属材料的挤出系统现在也已经出现。由填充有金属粉末（通常金属粉末含量约为 80%）的聚合物组成的线材或棒材被挤出后，形成复合金属 / 聚合物零件（生坯件）。生坯件在炉中燃烧掉聚合物并将金属粉末熔合 / 烧结在一起生产金属零件。零件在烧结时最多可以收缩 20% 的体积，因此需要特别考虑零件的设计，以实现均匀可控的收缩（图 2-2）。

图 2-2　桌面金属材料挤出系统轻松移除的支撑材料（由 Desktop Metal 提供）

材料挤出系统的挑战之一是它生产的零件往往存在各向异性（比其他 AM 工艺更明显），零件在竖直 Z 方向上的强度比在水平方向（X 和 Y）上的差一些。这是因为层间的结合力比形成这些层的塑料稍弱。这就好比木材，垂直于木纹方向强度低，平行于木纹方向强度高。因此，通常来说，对于将在压缩状态下使用的零件而言，材料挤出是一种合适的快速制造工艺，而这种工艺对于可能处于拉伸状态的零件则不太适用，因为材料在使用中可能会分层。值得注意的是，材料挤出技术正在不断改进，随着新机器的上市，这一问题正在逐渐改善。

在某些应用中，材料挤出技术制出零件的表面质量也可能是一个问题，因为相较于本章所述的其他增材制造技术，材料挤出技术制出的零件通常具有最低的表面质量。特别是平缓倾斜的表面往往具有相当明显的“阶梯”效应。注意，“阶梯”效应适用于所有增材制造技术，但在材料挤出技术中尤为明显（图 2-3）。

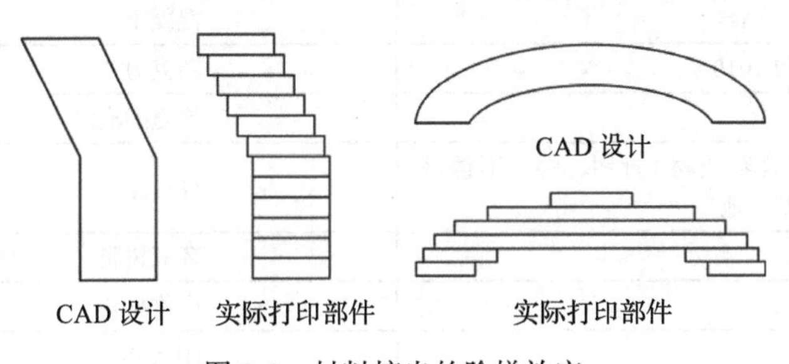

图 2-3　材料挤出的阶梯效应

材料挤出技术的典型应用包括：

（1）原型件制作

1）在大多数应用中打印的零件需要大量的后处理才能得到精细的原型。

2）低成本的台式 3D 打印机特别适合快速测试创意。

（2）用于生产

1）夹具和固定装置。

2）零件在打印 Z 方向上不受拉力的应用。

3）当特定聚合物无法使用其他技术成型时。

4）对表面质量要求不高以及不易受各向异性影响的应用。

材料挤出的利弊如表 2-1 所示。

表 2-1 材料挤出的优点和缺点

优点	缺点
最经济实惠的机器，尤其是桌面机的问世（尽管通常认为桌面机不适合批量生产）	最容易出现各向异性的工艺。尤其是 Z 方向上的强度明显偏低
可以使用标准工程热塑性塑料	制备出的零件表面质量差
适用于台式 3D 打印机的低成本材料	悬垂结构需要支撑材料
易于操作的机器	可能具有难以去除的支撑材料（除非它们是可溶的）

材料挤出的材料如表 2-2 所示。

表 2-2 材料挤出的材料

标准材料	特殊材料
ABS/ASA	黏土填充聚合物
聚碳酸酯	砖填充聚合物
ABS/ 聚碳酸酯混合物	木制填充聚合物
尼龙	金属填充聚合物
PPSF/PPSU	混凝土
ULTEM 9085 和 1010	巧克力
PLA	聚氨酯泡沫
金属填充的聚合物线材（青铜、钢、不锈钢、铜、铬镍铁合金及其他）	硅树脂
	环氧树脂
	生物材料
	HPA/PCL

2.2 材料喷射

材料喷射（Material Jetting）技术使用类似于喷墨打印机的打印头，在每一个模型切片上逐滴沉积液态光敏聚合物材料，并通过打印头上连接的紫外线光源固化沉积的液滴。打印头可以为模型的每个切片沉积零件材料以及任何所需的支撑材料。

材料喷射打印机使用多种不同的类塑料和弹性体材料制成高分辨率零件，蜡也可以作为打印材料用于精密铸造和珠宝制作。新一代机器还能在同一零件上使用多种材料，可以用于生产全彩色零件和其他多材料零件，如橡胶包覆的塑料零件。

与立体光固化（SLA）不同，材料喷射不需要打印后固化，因为跟随打印头的紫外线已经使材料在打印过程中完全固化。但是，材料喷射通常需要手动去除支撑材料，如使用水喷射。尽管在某些技术中，部件已完全固化，但将其从机器上卸下时，部件的表面可能会有些“发黏”，需要将它们在阳光下放置一天左右，使外表面变硬并使零件“干燥”(图 2-4)。

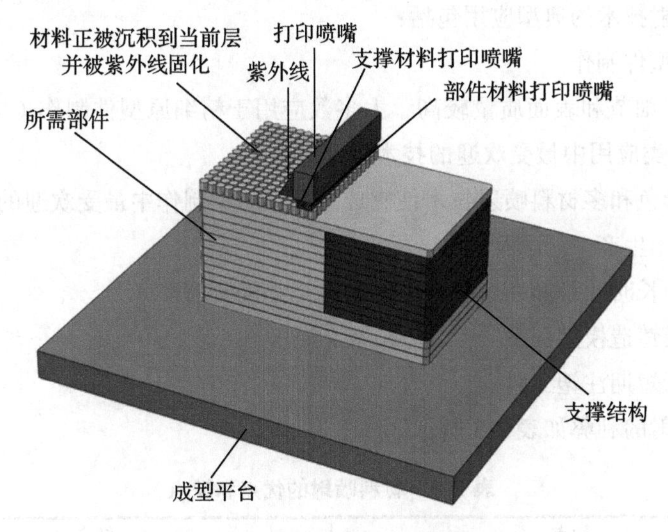

图 2-4　材料喷射聚合物增材制造系统

使用材料喷射技术时要考虑的两个主要方面是去除支撑材料所需的后处理步骤，以及材料喷射技术容易受到紫外线（包括正常环境日光的紫外线成分）的影响。例如，不推荐未保护的组件在直射的阳光下使用，因为如果不加保护并暴露在环境光下，材料特性和零件颜色将在一段时间内发生变化。

现在，市场上出现了一些金属材料喷射系统。对于由黏结剂和金属或纳米材料构成的零件来说，在打印时，热量被用来蒸发黏结剂，并将金属或陶瓷颗粒熔融在一起。到目前为止，由于打印过程中出现大量收缩，这些系统大部分只能生产相对较小的零件（图 2-5）。

图 2-5 通过材料喷射技术生产出的金属零件（由 Xjet 提供）

材料喷射技术的典型应用包括：

（1）原型件制作

1）由于细节和表面质量较高，大多数应用于精细原型件制作（与立体光固化类似），是此类应用中最受欢迎的技术。

2）全彩色和多材料喷射技术使它成为精细原型制作中最受欢迎的技术。

（2）用于生产

1）不会长时间暴露在紫外线下的产品，如助听器。

2）熔模铸造模型图案。

3）用于短期注塑工具。

材料喷射的利弊如表 2-3 所示。

表 2-3 材料喷射的优点和缺点

优点	缺点
具有最佳表面质量的增材制造技术（与立体光固化一样）	材料性能会随时间变化
可以制造透明的零件	弹性材料在拉伸时强度较低
可以制造多材料和全彩色零件	在从机器中取出零件和进行后处理时，树脂不易操作且对人体有害
可以为精密铸造制造蜡件	悬垂结构需要支撑材料

材料喷射的标准材料如下所示。

标准材质	标准材质
• 数字 ABS 聚合物 • 高温透明聚合物 • 刚性不透明聚合物 • 模拟聚丙烯聚合物 • 橡胶状聚合物	• 蜡 • 生物相容性聚合物 • 牙科材料 • 金属

2.3　黏结剂喷射

黏结剂喷射（Binder jetting）技术是第一个使用“3D 打印”这一术语的技术。它是于 1993 年左右在美国麻省理工学院（MIT）开发出来的一种基于粉末的增材制造技术。Z 公司随后将其商业化，后来被 3D Systems 公司收购。

该技术是将一层粉末沉积在成型平台上，接着使用喷墨打印头将液体黏结剂施加到该层的适当部分上。黏结剂喷射到的粉末都会固化。然后降低成型平台，将另一层粉末铺在第一层上，之后重复该过程，直到粉末床内的零件完成为止（图 2-6）。

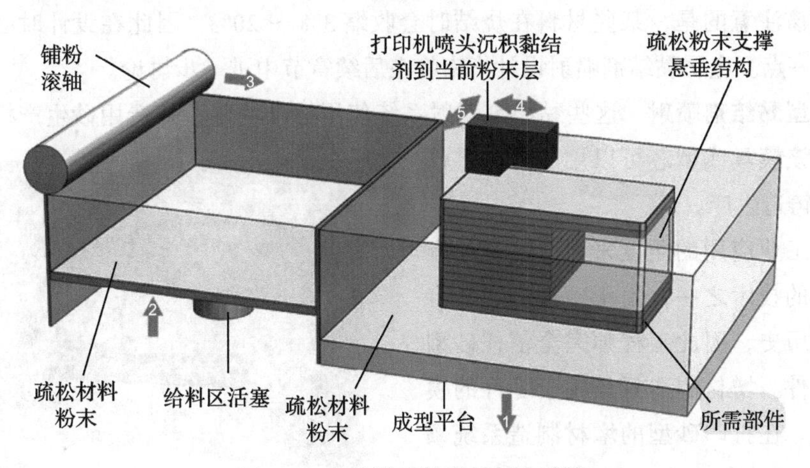

图 2-6　黏结剂喷射增材制造系统

完成后，升起构建平台，并刷去或真空吸除没有被黏结剂固化的疏松粉末，完全显露出完成的生坯件。之后可以使用一些后处理方法来增强零件，或者通过渗入添加剂到零件中的方式使其更加柔软。

该技术的优点之一是可以利用一些现成的材料，如石膏粉、金属粉、PMMA

（丙烯酸）和许多砂型铸造用砂。例如，使用砂型铸造用砂生产砂铸型或精密铸造铸型用于传统方式铸造金属零件。

黏结剂喷射可以进一步细分为以下几个领域：

直接零件生产黏结剂喷射 这些机器经常使用石膏粉、淀粉或 PMMA 生产零件。石膏粉或淀粉制得的零件从机器中取出时很脆弱，因此通常需要通过氰基丙烯酸酯（强力胶）或环氧树脂渗透来对其进行加固。在这些系统中，可以使用陶瓷造粒粉来生产陶瓷零件，但是这些零件需要打印后在陶瓷炉中烧制。

在某些打印机上，可以用全彩色打印石膏或 PMMA 零件。PMMA 零件也可以用作熔模铸造的模型。

金属黏结剂喷射 这些系统使用黏结剂将金属粉黏结在一起，从而生产相对脆弱的生坯件。该类别可以进一步细分为两类：

- **渗入型黏结剂喷射**：将生坯件放置在炉中，然后渗入青铜将黏结剂蒸发，以生产合金零件。
- **完全烧结型黏结剂喷射**：作为后处理工序，将生坯件放进炉中进行烧结，金属颗粒熔合在一起，而黏结剂被烧掉。

应该注意的是，某些材料在烧结时会收缩 3% ～ 20%，因此在设计时必须考虑到这一点。金属黏结剂喷射设计指南将在后续章节中进一步讨论。

砂型黏结剂喷射 这些黏结剂喷射系统使用标准的砂型铸造用砂生产模具或型芯，该模具或型芯可以用于金属零件的砂型铸造生产。

从工业应用的角度来看，这是最容易使用的技术之一，由于砂型铸造具有悠久的历史，因此工程师完全信任砂型铸造零件。增材制造只是用于零件的模具生产。在打印砂型的增材制造系统领域，Voxeljet 和 ExOne 是两家领先的公司（图 2-7）。

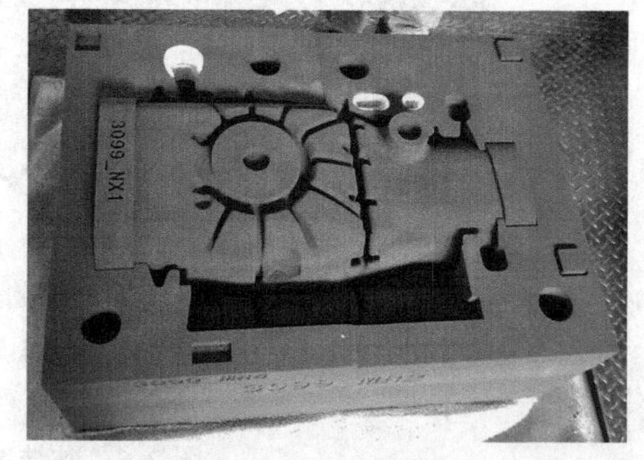

图 2-7 Imperia GP 跑车齿轮箱的黏结剂喷射打印砂型铸造模具（由 Voxeljet AG 提供）

黏结剂喷射技术的典型应用包括：

（1）原型件制作

1）如果使用石膏粉作为材料，则该技术大多适用于零件强度要求不高，并且彩色打印可以增加零件价值的应用。

2）如果使用 PMMA 和其他塑料粉末作为材料，则该技术适用于大多数原型件制作，并且某些机器可以生成全彩色模型。

（2）用于生产

1）制造铸造使用的砂型。

2）制造熔模铸造使用的 PMMA 模具。

3）直接制造金属零件。

黏结剂喷射的利弊如表 2-4 所示。

表 2-4　黏结剂喷射的优点和缺点

优点	缺点
如果使用石膏粉或 PMMA 粉进行打印，则该过程可以生产全彩色零件	如果使用石膏粉打印，则零件非常易碎，需要渗透树脂来增加强度
可以制造金属零件（但需要烧结作为辅助操作）	生坯件打印后需要将粉末烧结，可能会收缩多达 20%
可以制造用于常规金属铸造的砂型和型芯	
可以制造熔模铸造使用的 PMMA 模具	

黏结剂喷射的材料如表 2-5 所示。

表 2-5　黏结剂喷射的材料

标准材料	特殊材料
石膏（熟石膏）	糖
淀粉	玻璃
PMMA	羟基磷灰石（HPA）
金属粉末	
砂型铸造用砂	
陶瓷	

2.4　薄材叠层

薄材叠层（Sheet Lamination）工艺包括分层实体制造（Laminated Object Manufacture，LOM）和超声波增材制造（Ultrasonic Additive Manufacturing，UAM）。分层实体制造使用刀片将纸或聚合物薄膜切割成适合模型每个切片的形状，并用黏结剂将它们一层又一层地黏结在一起。

分层实体制造通常用于美学和视觉模型，通常不适合用来制作复杂结构。目前，LOM系统的主要制造商是Mcor技术有限公司，该公司研发的Iris和Arke系统可以生产全彩色的模型（图2-8）。

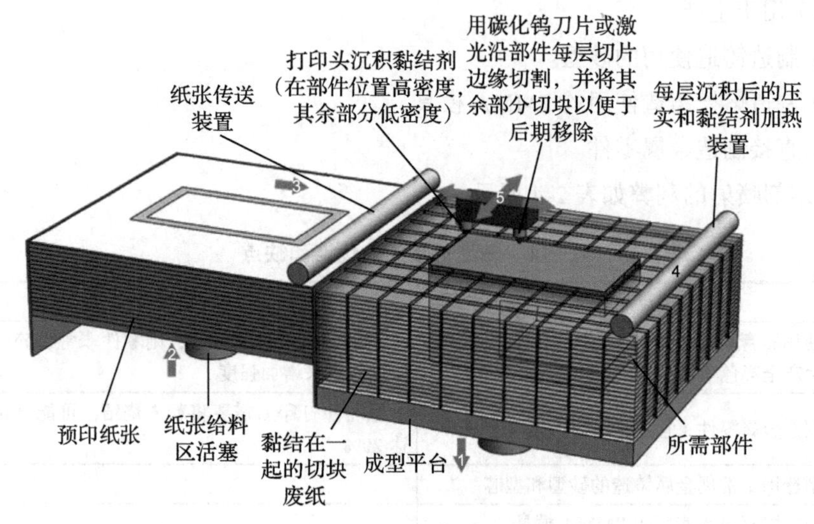

图2-8　分层实体制造系统

因为LOM使用纸张，所以该过程不需要任何专业工具，并且省时。尽管零件的结构性能有限，但通过添加黏结剂、涂装，并进行打磨和进一步加工，可以改善其外观。

超声波增材制造（UAM）工艺使用金属板，这些金属板通过超声焊接黏结在一起。该过程需要对未结合的金属板进行额外的CNC机床加工。与LOM不同，UAM的金属不能轻易用手工去除，而多余的材料必须通过机械加工去除。UAM也可以使用厚度为0.15mm、宽度为25mm的金属带，以节省材料，从而减少后续加工中需要切除的材料。铣削可以在添加每一层之后或完成整个过程之后进行。

使用的金属包括铝、铜、不锈钢和钛。该过程在低温下进行，并允许创建内部几何结构。该工艺的主要优点是可以黏结不同的材料，由于该工艺过程中没有熔化金属，而是通过使用超声波频率和压力相结合的方式将各层黏结在一起，因此所需的能量相对较少。材料通过金属的塑性变形结合在一起。

该工艺需要在后处理过程中把零件从周围的板材中提取出来。最常见的做法是将每一层都黏结到上一层之后，再用机械加工的方法去除部件周围多余材料。

薄材叠层技术的典型应用包括：

（1）原型制作　各种精细原型，低材料成本和彩色均增加其价值。

（2）用于生产

1）LOM 用于生产砂型铸造模型。

2）UAM 可以用于生产金属部件，但需要进行后处理。

薄材叠层的利弊如表 2-6 所示。

表 2-6　薄材叠层的优点和缺点

优点	缺点
速度快、成本低、材料易于处理，但模型的强度和完整性取决于所使用的黏结剂	根据纸张或塑料材料的不同，表面质量可能会有所不同，可能需要进行后处理才能达到理想的效果
由于切割路径只是形状轮廓，而不是整个横截面，因此切割速度可以非常快	只有更多地研究熔融工艺，才能进一步推动该过程进入更主流的应用
	材料利用有限

薄材叠层的材料如表 2-7 所示。

表 2-7　薄材叠层的标准材质

标准材质	标准材质
纸	金属
塑料薄膜	

2.5　立体光固化

立体光固化（Vat Photopolymerisation）技术使用紫外线固化（硬化）液态树脂生产零件，主要技术包括使用激光或数字光处理（Digital Light Processing，DLP）的立体光固化（SLA）以及连续液体界面生产（Continuous Liquid Interface Production，CLIP）。

立体光固化技术使用一束紫外线激光或带有紫外线光源的 DLP 来固化模型中每个切片的树脂层。紫外线光束扫描模型每个切片的液态光敏树脂表面，被光束照射的树脂表面就会硬化。然后，成型平台下降几分之一毫米进入树脂中，新的树脂层铺展在前一层的顶部，接着开始对零件的下一个切片进行紫外线光束扫描，在固化当前层的同时也将其黏结到前一层。重复该过程，使零件下降到树脂中，同时在顶部添加新的层，直到完成零件制备。需要注意的是，某些系统是从下至上而不是自上而下地生产零件。在这些系统中，激光或DLP装置放置在成型箱的下方，并通过透明窗口扫描或投射到每层切片，并将逐层构建的零件从树脂中拉出。

立体光固化可以制造高分辨率的类塑料零件。近年来，树脂质量越来越好，从而使该技术可以生产出具有足够光学透明度的零件。在抛光处理后，该技术可以打印透明的零件，如电子产品的观察窗，甚至是镜片。

应当注意，立体光固化需要用支撑材料支撑零件中所有的悬垂部分。在零件打印完成后，需要手动去除支撑材料，然后将零件放入紫外线烘箱中进行后固化处理，从而使材料完全硬化（图2-9）。

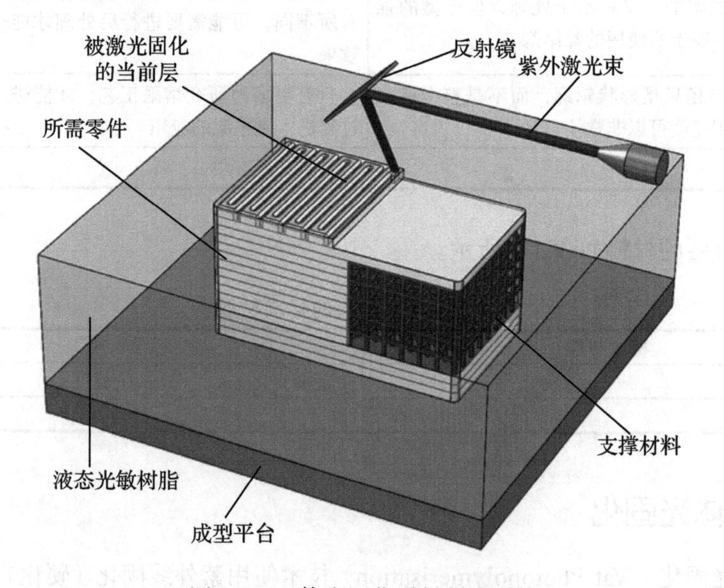

图 2-9　立体光固化增材制造系统

与材料喷射技术一样，如果不对零件加以保护并使其暴露在自然紫外线下，则零件容易降解。

陶瓷立体光固化技术　目前包括Lithoz、3D Ceram、Prodway和Admatec在内的多家公司，提供填充有陶瓷粉末的光敏树脂，以生产高密度陶瓷零件。一些可用的陶瓷材料包括氧化铝（Al_2O_3）、氧化锆（ZrO_2）和磷酸三钙[$Ca_3(PO_4)_2$]。

陶瓷立体光固化工艺制造的生坯件需要进行后处理，即在炉子中进行烧结。在该烧结过程中，生坯件的收缩率为15%～30%，因此需要进行仔细的设计考虑。目前，该工艺主要用于生产相对较小的陶瓷零件。

连续液体界面生产（CLIP） 来自 Carbon 公司的立体光固化工艺。这种工艺与其他自下而上的立体光固化工艺的主要区别在于一层紫外线可透过的透氧膜。在其他过程中，当树脂硬化时，它会粘在底部窗口上，必须通过机械力将其分开后，树脂才能流入间隙。但是，在 CLIP 工艺中，硬化的树脂不会粘在窗口上，对于较薄的零件，树脂很容易流入间隙。

首次发布时，CLIP 工艺因广告宣称比其他技术快 25 ～ 100 倍而颇受争议。对于不是由薄的网格结构构成的零件，当其表面积较大时，由于树脂无法迅速流入零件与窗口之间的间隙，因此其速度上的优势大大减弱。

CLIP 技术的一个优点是它使用聚氨酯树脂，因此它是少数可以使零件性能不随时间迅速改变的立体光固化技术之一。但是，这需要第二步工艺，即在烤箱中加热零件以使聚合物交联，从而生成聚氨酯。在进行工艺耗时比较时，二次固化过程所需的时间经常被忽略。

立体光固化技术的典型应用包括：

（1）原型制作　由于细节和表面质量较高，大多数应用于精细原型件制作（与材料喷射类似），是此类应用中最受欢迎的技术。

（2）用于生产

1）不会长时间暴露在紫外线下的产品，如助听器。

2）熔模铸造的模型。

立体光固化的利弊如表 2-8 所示。

表 2-8　立体光固化的优点和缺点

优点	缺点
具有最佳表面质量的增材制造技术（与材料喷射一样）	材料特性会随时间变化
可以制造透明的零件	在从机器中取出零件和进行后处理时，树脂不易操作且对人体有害
	悬垂结构需要支撑材料

立体光固化的材料如表 2-9 所示。

表 2-9　立体光固化的材料

标准材料	标准材料
紫外线固化光敏树脂	CLIP 用聚氨酯
多种陶瓷填充光敏树脂	

2.6 粉末床熔融

在快速制造方面，粉末床熔融（Powder Bed Fusion）技术包括激光烧结（Laser Sintering，LS）、选择性激光熔化（Selective Laser Melting，SLM）和电子束熔化（Electron Beam Melting，EBM）。所有这些技术的工作原理是：在成型平台上铺展一薄层粉末状的材料，接着使用能量束（对于 LS 和 SLM，使用激光；对于 EBM，使用电子束）扫描零件的切片，被能量束扫描过的粉末将会熔化，然后将成型平台下降一层，将下一层粉末铺展到整个成型平台上，并重复熔化过程，既熔化当前层，又将其结合到上一层。

这些基于粉末的技术近来取得长足发展，能够生产全强度零件，并且在 *X*、*Y* 和 *Z* 方向都展示出相对较好的各向同性。*Z* 方向可能存在一些各向异性，但是，如果针对 AM 工艺的零件设计得很好，则后处理可以将其最小化或消除。此外，这些技术可以使用多种聚合物（对于 LS）和金属（对于 SLM 和 EBM）制造零件。请注意，金属粉末床熔融技术还有其他几个缩写词，这些缩写词将在本书的缩略词部分列出。

典型的聚合物包括一系列聚酰胺塑料（尼龙）和添加各种填充材料（包括玻璃、碳纤维和铝）的尼龙，以及诸如 PEEK 之类的高温聚合物。如果针对 AM 工艺设计得很好，那么塑料零件将表现出与注射成型零件相似的性能，并且具有制作活动铰链（如果针对 AM 设计）并将零件固定在一起的能力。直接从机器中取出来的零件，其表面质量类似亚光塑料，在轻微倾斜或弯曲的零件上可以看到一些“阶梯”效果。

可以使用的金属包括不锈钢、铝、钛、钴铬合金和马氏体时效钢（工具钢）等。金属零件的表面质量和强度一般都与铸件相当，没有任何空隙、气泡或其他缺陷。与任何铸造零件一样，金属零件需要在 CNC 机床上进行后处理加工才能得到完全光滑或抛光的表面（图 2-10）。

多喷嘴熔融是 AM 领域一个相对较新的事物，由于它与其他粉末床熔融工艺有所不同，特此介绍。源自选择性热烧结（Selective Heat Sintering，SHS）的多喷嘴熔融技术，将助熔剂（Fusing Agent）和精细剂（Detailing Agent）喷墨打印到聚合物粉末层上，并用红外热源加热整个打印床。打印了助熔剂的粉末会吸收足够的热能而熔化，而其余的材料则保持未熔化的粉末形式（图 2-11）。

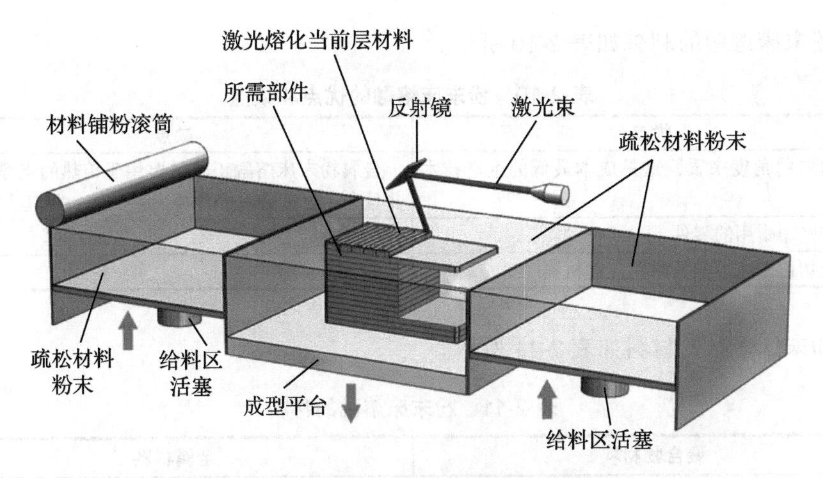

图 2-10　粉末床熔融增材制造系统

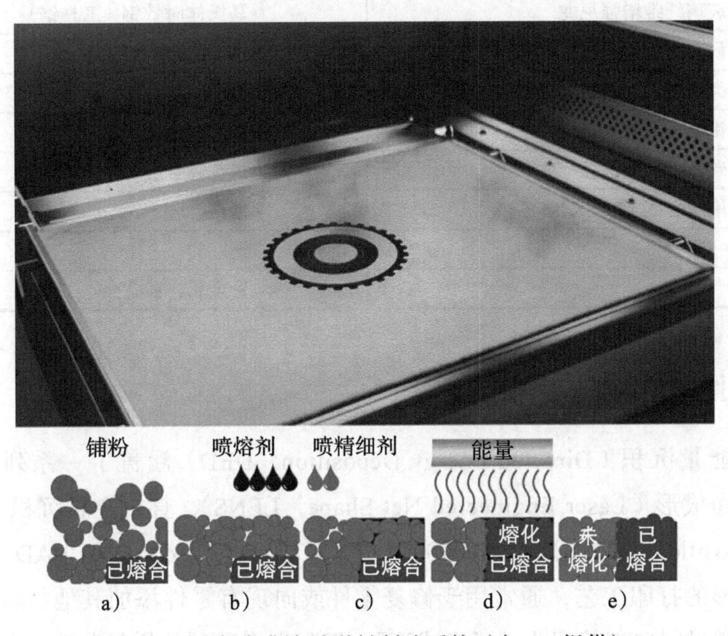

图 2-11　多喷嘴熔融增材制造系统（由 HP 提供）

粉末床熔融技术的典型应用包括：

（1）原型制作　从展示到功能原型的大多数应用。

（2）用于生产

1）聚合物和金属的粉末床熔融是生产工业零件的最常用技术。

2）聚苯乙烯材料也用于生产熔模铸造的模型。

粉末床熔融的利弊如表 2-10 所示。

表 2-10　粉末床熔融的优点和缺点

优点	缺点
从材料的角度来看，这是成本最低的生产技术之一	金属粉末床熔融工艺需要用于传热的支撑材料，并且在后处理中可能需要大量的精力将其去除
生产坚固耐用的零件	
聚合物粉末床熔融不需要支撑材料	

粉末床熔融的材料如表 2-11 所示。

表 2-11　粉末床熔融的材料

聚合物材料	金属材料
尼龙 12、11 和 6	不锈钢
玻璃纤维增强尼龙	马氏体时效钢（工具钢）
耐热尼龙	钛 64
类聚丙烯尼龙	铝
铝增强尼龙	钨
碳纤维增强尼龙	镍基超合金
聚醚醚酮（PEEK）	钴铬合金
	铜
	贵金属，如黄金

2.7　定向能量沉积

定向能量沉积（Directed Energy Deposition，DED）涵盖了一系列技术，包括激光近净成形（Laser Engineered Net Shape，LENS）、直接金属沉积（Directed Metal Deposition，DMD）和 3D 激光熔覆（3D Laser Cladding，CLAD）。这是一种近净成形的打印工艺，通常用于修复零件或向现有零件添加其他材料。尽管可以将所有增材制造工艺视为“近净成形”，但与大多数其他增材制造工艺相比，定向能量沉积工艺生产的零件精度要低得多，并且其表面质量较差。因此，在大多数情况下，定向能量沉积工艺需要进行机加工后处理操作。

典型的 DED 机器由安装在多轴臂上的喷嘴组成，该喷嘴将粉末或金属线材沉积到指定的表面，同时能量束将材料熔化并凝固。该过程的原理类似于材料挤出，但是喷嘴不固定在特定的轴上，并且可以在多个方向上移动。由于 DED 机器使用四轴或五轴机床，因此材料可以从任何角度进行沉积，并被激光或电子束熔化。该工艺通常使用金属粉末或线材形式（图 2-12）。

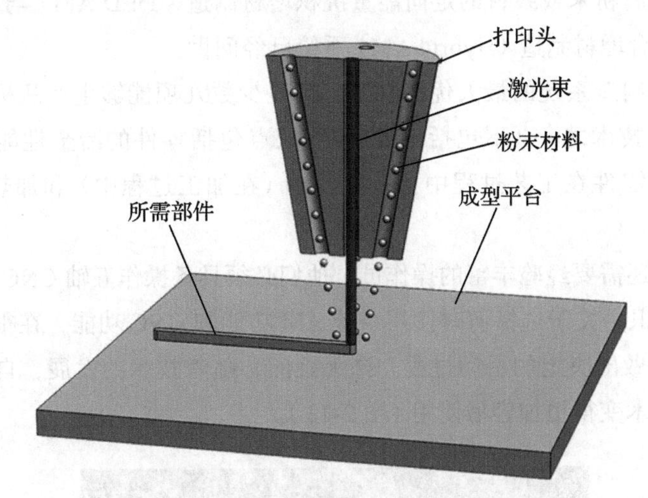

图 2-12　定向能量沉积增材制造系统

定向能量沉积技术的典型应用包括：

（1）原型制作　通常不用于原型制作。

（2）用于生产

1）可以接受近净成形的应用，通常需要机加工后处理。

2）可以用于修复损坏或磨损的零件。

定向能量沉积的利弊如表 2-12 所示。

表 2-12　定向能量沉积的优点和缺点

优点	缺点
打印速度快	在大多数情况下，需要通过机加工来获得较好的表面质量
由于五轴加工的灵活性，可以用于修复磨损或损坏的零件，而无须将表面加工平整	

定向能量沉积的材料如表 2-13 所示。

表 2-13　定向能量沉积的材料

标准材料
几乎任何可焊接的金属粉末或线材

2.8　复合增材制造

将基于金属粉末或线材的定向能量沉积增材制造（DED AM）与 CNC 机床加工相结合的复合增材制造（Hybrid AM）系统已经问世。

复合增材制造系统的最大优势在于，其是少数几项能够生产从机器中取出即可使用的零件技术之一（不包括热处理）。缺点包括零件的冶金性能中尚有未知的因素，因为零件在工艺过程中会经受冷却（在加工过程中）和加热（在 AM 过程中）。

这些机器还需要经验丰富的操作员，他们必须具备操作五轴 CNC 机器和 DED AM 系统的知识。关于选择何时使用系统 AM 功能和 CNC 功能，在很大程度上仍然依靠操作员做出决定的手动过程。毫无疑问，随着技术的发展，自动化软件将使复合 AM 技术变得更加容易使用（图 2-13）。

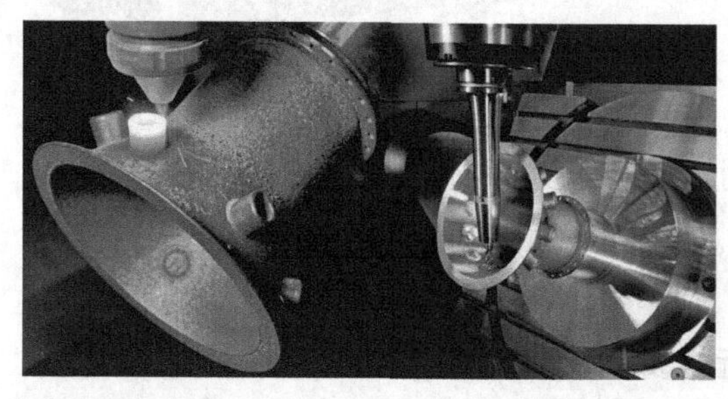

图 2-13　复合定向能量沉积与 CNC 的增材制造系统（由 DMG MORI 提供）

应当注意，上面简要描述的这些技术只是当前可用的增材制造技术中的一部分。仅介绍这些技术而不是其他技术的原因是，它们是当今工业中最广泛采用的，并且最适用于快速制造应用。但是，新的增材制造技术正在快速发展，并且可以预期，在未来几年中，这些技术在生产制造中的应用将大大增加。

2.9　增材制造用于零件生产的技术成熟度

上述所有 AM 技术都适用于原型应用。但是，对于设计工程师而言，重要的是要了解每种技术的优缺点，以便了解每种特定技术在多大程度上适合于生产批量化零件并保证生产质量。一部分人认为，每种技术都可以生产出具有足够强度的零件，而另一部分人持不同意见。

对于金属零件生产，我们将各种增材制造的技术成熟度等级分类如下：

（1）用于直接零件生产

1）粉末床熔融适用于生产中小型零件。

2）定向能量沉积适用于生产较大的零件或零件修复，但需要机械加工。

3）完全烧结的黏结剂喷射适用于生产精确的小型零件或精度要求较低的中型零件。

4）复合增材制造适用于生产大中型零件。

（2）用于间接零件生产

1）黏结剂喷射适用于生产砂型铸造模具。

2）立体光固化和材料喷射适用于生产熔模铸造模型。

3）所有技术都可用于生产砂型铸造模型。

对于聚合物零件生产，我们将技术成熟度等级分类如下：

（1）用于直接零件生产

1）粉末床熔融。

2）材料挤出适用于生产夹具和固定装置。

3）立体光固化和材料喷射适用于生产不暴露在环境紫外线下的零件。

（2）用于间接零件生产

1）粉末床熔融和材料挤出适用于生产真空成型模具。

2）立体光固化和材料喷射适用于生产短期注塑模具。

第 3 章 Chapter3

DfAM 战略性的设计考虑

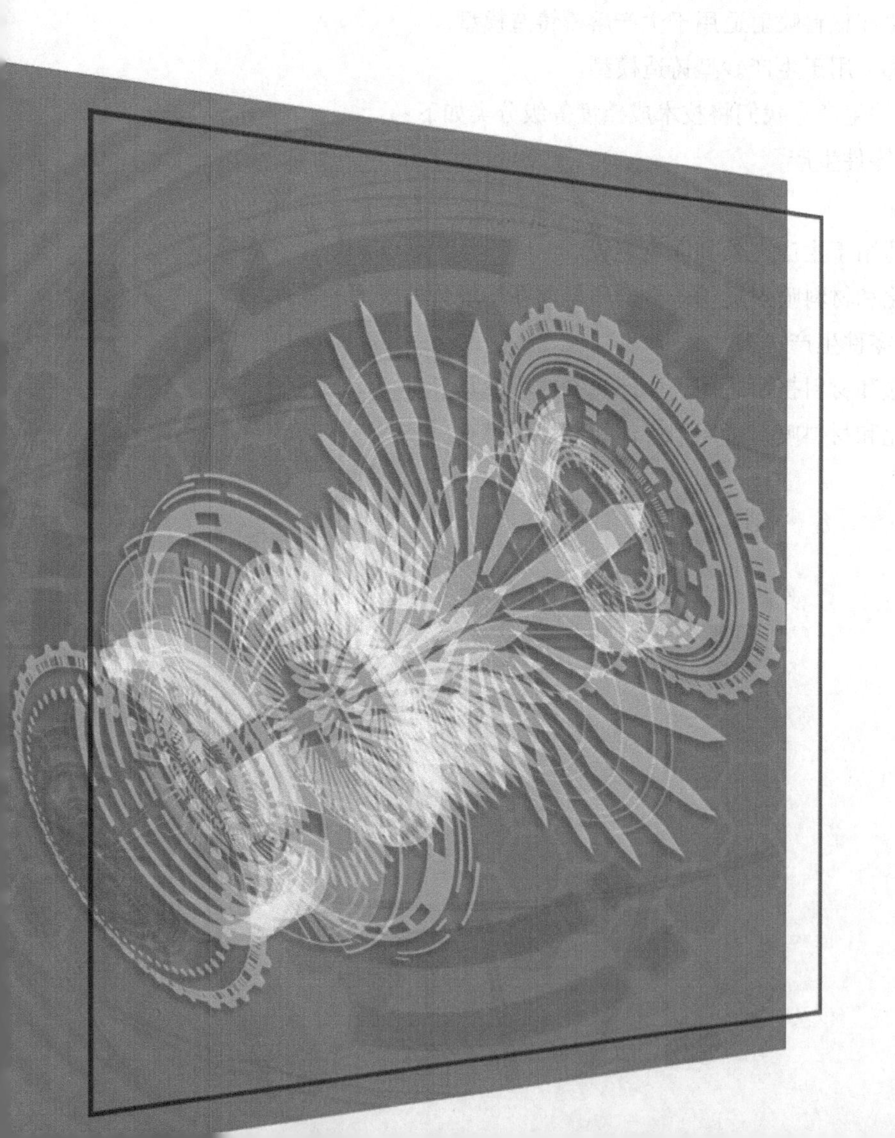

3.1　面向增材制造的设计导论

面向增材制造的设计（Design for Addictive Manufacturing，DfAM）是指设计师试图利用 AM 独特的优势来创建产品设计的过程。DfAM 同样应该遵循将用于生产产品的 AM 技术的特定工艺约束。这已经超出了仅对现有的产品为了用 AM 工艺制造而进行的再设计。面向 AM 的再设计固然很有用，因为它可以带来好处，如减少材料的使用或将多个零件合并为一个单一零件。然而，它却没有考虑到 AM 通过形式、适合度和功能的改进可以为整个产品带来的额外好处。本书旨在鼓励工程师和设计师在专注于详细设计之前考虑 AM 的战略性优势。面向 AM 的设计绝对更像是一个思考过程，在此过程中需要做出慎重的决策（常常是折中方案），而不仅仅是盲目地遵循一套设计规则。

随着全球各地制造商对增材制造的兴趣不断增长，在可能的情况下，确保零部件的设计专门面向 AM 变得越来越重要。当然，有一些应用领域（如备件）以前采用常规方法制造的组件将不会面向 AM 进行再设计。但是总的来说，即使对于常规零件，AM 技术通常也可以轻松完成一些工作，以最大限度地减少打印时间和成本。

本书讨论的任何形式零部件的重新设计都是为了使其更适合 AM 工艺，即“面向 AM 的设计”。但是，在增材制造领域中，不同类型的设计过程中更鲜明的层次可能是区分：只修改 AM 生产工艺参数的设计、修改零件形状而不使其功能更好地适应 AM 工艺的设计以及完全重新设计了形状和功能的零部件真正面向 AM 的设计。通常，这三种不同的方法分别称为直接零件替换的 AM、适应 AM 和面向 AM 的设计（图 3-1）。

直接零件替换的 AM 设计	适应 AM 的设计	面向 AM 的设计
当完全维持零件形态且复制的零件要尽可能还原原始零件时，我们会采用这种方法。交付时间是应用此方法的一个主要原因，尤其是在交付时间作为备件过程中的一个重要考虑因素的时候	通常在内部对零件的形状进行更改，以使零件易于通过 AM 生产。零件的外部形状可能也会更改，但是它的用途和功能以及它如何安置到产品中不会改变	重新设计整个零件以最大限度地发挥 AM 的优势，同时还要考虑如何利用 AM 打印它。在这里，我们应该重新考虑如何使该零件与周围的零件适配；还要考虑如何使其发挥功效，发挥什么样的功效；同时考虑如何尝试提高它的功效

图 3-1　区分直接零件替换的 AM、适应 AM 和面向 AM 的设计

以一个例子来展示歧管的各种设计选项，如图 3-2 所示。

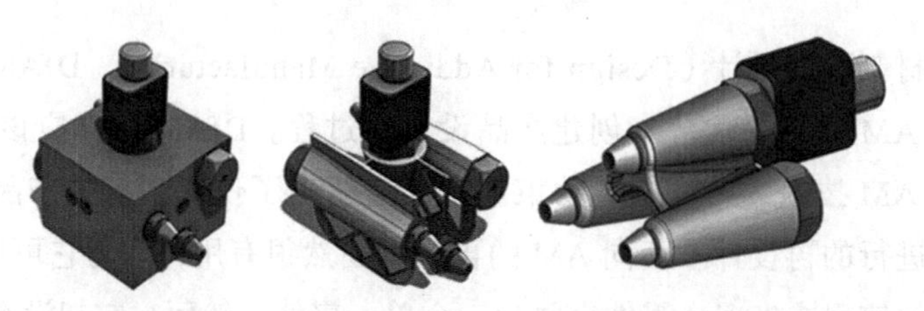

直接零件替换的 AM 设计	适应 AM 的设计	面向 AM 的设计
4.6kg	1.0kg 减重 78%	0.4kg 减重 91%。改善了流体流动和产品内的配合。产品所需空间较小，装配更容易

图 3-2　歧管的设计方法（由雷尼绍的 Marc Saunders 提供）

3.2　使用 AM 为产品增值

如前所述，AM 是一种昂贵的制造技术，并且因为其“串行的”制造方法，与某些常规制造技术相比，它总是相对较慢，所以即使在将来，AM 技术的价格也可能仍然相对较高。因此，在大多数情况下，当考虑将 AM 用于生产零件时，只有在它确实能为产品增加价值的情况下才应使用。

在开始单个零件设计之前，工程师和设计师应该分析待设计的产品，考虑应该采用哪种增值策略，这将对产品结构和零件配置产生影响。完成此步骤后，他们就可以开始针对特定的 AM 工艺进行设计，这是本书以下各章所涉及的主题。

3.3　设计 AM 零件的一般指导原则

有许多基本原则几乎可以应用于任何形式的增材制造。这些基本原则将在下面介绍，而大多数设计原则将在后续章节中做进一步讨论。

3.3.1　AM 设计规则 1

很少有 AM 的设计规则可以普遍适用于所有几何形状、材料、AM 技术和零部件。许多设计参数取决于其他设计参数和打印条件，因此很难找到在每种情况下都可以使用的精确数值。但是，随着 AM 工程师或设计师对 AM 工艺的复杂性有了更深入的了解并积累了一定的经验，他们就逐渐有能力设计出可以首次就完美打印的零件。

粉末床熔融零件的最小孔或槽的尺寸取决于壁厚（图 3-3），由此可以说明设计指导原则的可变性。随着零件壁厚的增加，狭窄孔中的粉末会部分熔合在孔中，因此无法去除。但是，不同的粉末床熔融机器也会生产出不同质量的零件，因为它们是在不同的温度、层厚和激光扫描参数下运行的。因此，最小孔或槽的尺寸与零件的壁厚、打印层厚、打印方向以及制造它的机器都直接相关。

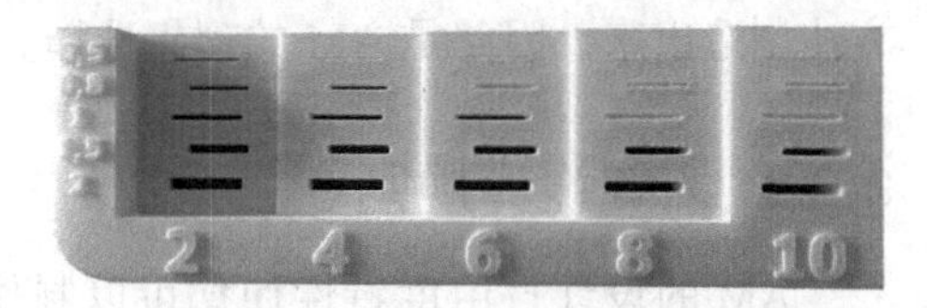

图 3-3　孔的尺寸取决于材料的厚度

移动部件之间的间隙也是如此。零件近距离接触的表面积越大，接触表面之间的间隙就必须越大。这也是由于较大的表面积能使热量保持更久，从而使移动部件之间的粉末熔化。

本书关于特定 AM 工艺的设计指南部分中给出的许多数值仅应作为一般性指南，因为零件设计的其他参数可能会影响给定的数值。当有疑问时，最好打印一个测试零件，以确保这些数值适用于特定的情境。

3.3.2　AM 设计规则 2

当使用许多其他技术可以更好、更便宜、更快地生产零件时，仍然有无数使用 AM 生产零件的例子。这将在 3.5 节中做进一步阐述。作为一般性原则，如果零件是为了在三轴 CNC 机床上加工而设计，则 CNC 加工比 3D 打印更便宜且更快。当然也有例外，但总的指导原则是正确的。

特别是在用于生产时，只有当零件不能很容易地使用其他制造技术时，才应使用 AM。这样做的主要原因是速度，速度会转化为成本。相对而言，与几乎所有其他制造技术相比，AM 相对较慢。因此，从成本的角度来看，如果比 AM 快，则使用传统技术制造几何形状简单的零件几乎总是更经济。但是，当零件的复杂度达到传统方法无法制造的程度时，AM 就变得很有必要了（图 3-4）。

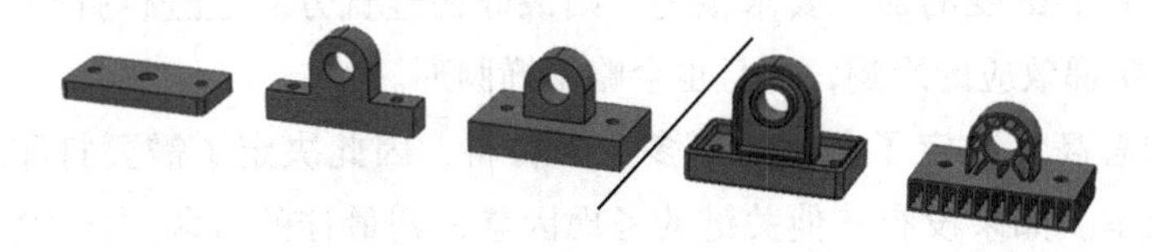
图 3-4　复杂度选择过滤器

在图 3-4 的示例中，斜线左侧的简单零件可以很容易地通过激光切割、水射流切割、冲孔或 CNC 加工等方法制造。但斜线右侧较为复杂的零件，很难通过传统方法制造出来，因此是 AM 的理想选择。

3.3.3 AM 设计规则 3

AM 的设计自由度特性使您可以制作几乎任何能想象出的形状。如果可能的话，使用这一特性可以使产品具有独特的美感。在零件上添加有用的外观细节、徽标、说明、零件编号等也无须花费更多。AM 的设计可以使组装更容易，帮助辨识产品品牌以及更轻松地跟踪库存。

3.3.4 AM 设计规则 4

最好对所有尖锐的边缘进行倒角处理（圆角）。其有两个目的：第一，它使产品更符合人体工程学，让人更舒适地握持和使用，因为它消除了锋利边缘的危险；第二，它减少了发生在尖锐角落和过渡处的可能会影响产品强度的应力集中。

特别是内部尖角是应力集中发生的地方，如果没有理由必须要尖角，则内部的角总是应该设计成圆角。而对于外部的角，尖角比圆角的打印成本更高（圆角所需熔化的材料更少），因此把外部的角设计成圆角也是一种好的做法。

一个很好的经验法则是把圆角做成厚度的 1/4。

3.3.5 AM 设计规则 5

AM 工艺加工出的每个零件的质量（强度、材料性能、表面质量和支撑量等）都与打印方向直接相关。因此，在设计时应该不断考虑零件的打印方向。

打印方向决定各向异性的方向，该方向始终为 Z 向或竖直打印方向。因此，如果各向异性是一个重要的因素，则零件应该是定向的，以使零件的特征在最大强度方向打印（即水平方向）。

如果对孔的圆度的加工要求很高，则最好在竖直方向上进行打印。水平打印的孔会受到阶梯效应的影响，并且也会略呈椭圆形。

构件的总高度决定了它将需要多少层材料，因此决定了需要打印多长时间，这将影响成本。如果没有其他关键的考虑因素，则最佳的打印方向通常是使构件总高度最小的方向。

图 3-5 所示为在聚合物粉末床熔融系统上以不同方向打印时，零件质量的一些差异。

图 3-5 以两个不同方向打印零件的效果图

3.3.6 AM 设计规则 6

零件中的大块材料会花费大量成本，导致大量残余应力，并且几乎没有工程价值。任何不合理地打破“均匀厚度规则”的特征都只是引入不必要的材料，会增加成本，导致更多的残余应力，因此需要进行热处理以及更多的支撑材料。

例如，当 CNC 加工时，通常会留下大量的材料，以避免将它们加工掉，因为那样会浪费时间和金钱。AM 则与之相反，因为任何不必要的材料都会增加打印时间和成本，所以应避免使用。

3.3.7 AM 设计规则 7

规则 5 中所述的打印方向还确定了在哪些位置需要支撑材料来支撑悬垂，以及用于传热。因此，支撑材料的位置始终是关键的设计考虑因素。

支撑材料 = 人工 = 成本

支撑材料 = 零件质量

大多数 AM 技术要求使用支撑材料。由于支撑材料的放置和数量极大地影响了零件质量和后处理成本，因此在设计过程中必须仔细考虑其使用。零件设计和打印方向都会影响支撑材料的数量和位置。如果将支撑材料放置在错误的区域，则去除支撑时会非常困难且耗时。3.5 节中将进一步说明试图减少所用支撑材料用量的原因。支撑材料也是本书中反复出现的主题。

3.4 避免各向异性的设计

面向 AM 的设计规则 5 是关于打印方向的决策。这样做的主要原因之一是各向异性。各向异性（零件在竖直方向上力学性能的差异）可能是增材制造的致命弱点。这种各向异性会影响所有 AM 技术，但有些 AM 技术受影响更大（图 3-6）。

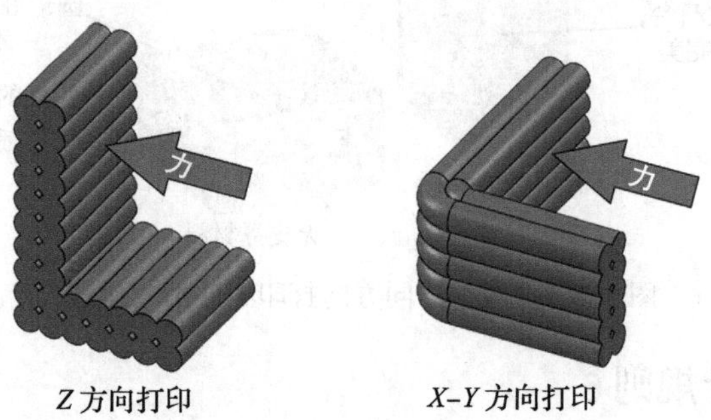

图 3-6 各向异性或层间的薄弱会导致零件在不同力的作用下做出不同的反应

左支架在力的方向上会很弱，而右支架会由于打印方向而更强一些。

技术	竖直（Z）方向上各向异性的影响
材料挤出	强
光敏聚合	中等
聚合物粉末床熔融	中等到最小，取决于特征厚度
粉末床熔融和其他金属技术	最小，并且可以通过热处理或其他后处理消除，如热等静压（HIP）

在设计组件时，最好能了解其在打印时的摆放方向，这样就可以用最优数量的特征来设计，这些特征在 *X–Y* 平面内可以承受更高的力。这将在第 7 章中进一步讨论。

3.5 增材制造的经济学

在过去几十年中，一些关于 AM 的炒作一直宣传 AM 可以生产成本更低的零件。尽管在某些情况下确实是这样，但通常来说，AM 是一项昂贵且缓慢的技术，只有它为产品增加的价值超过传统制造所能增加的价值时，才可以用于生产。

图 3-7 通常用于说明传统制造的成本随着数量的增加而降低，而 AM 的成本却保持相对恒定。许多人错误地认为图中的虚线表示 AM 比传统制造便宜，实际上，这种情况很少发生。

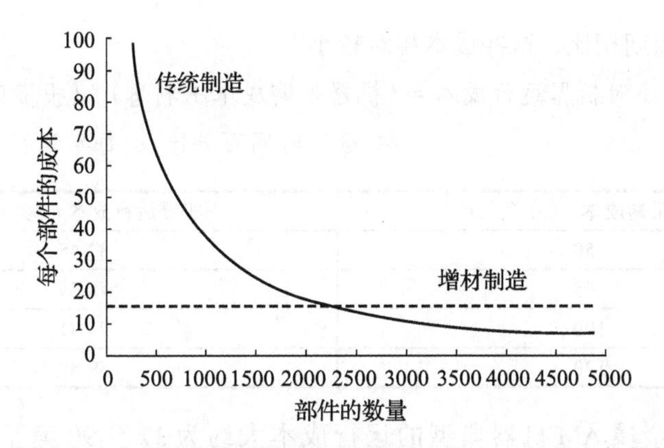

图 3-7　传统制造的成本随着数量的增加而降低，而 AM 的成本却保持相对恒定

许多行业采用增材制造的想法是，用增材制造技术可以简单地来替代当前使用的传统制造技术，且无须重新设计组件。这几乎总是错误的，因为这种想法没有利用 AM 的任何优势。例如，用 AM 制造为三轴数控加工而设计的生产部件，其成本更高，而且可能仍然需要数控加工才能使其达到 AM 无法获得的所需表面质量。人们普遍认同，若要使 AM 发挥最大价值，则零件必须面向增材制造设计（DfAM）。

那么为什么“面向 AM 设计”的思想如此重要？这有很多原因，包括利用“复杂性零成本”增加的功能和美学价值。然而，最令人信服的原因是简单的经济学。本节探讨了一些经济学论点，特别是对于金属 AM，使 DfAM 成为必要而不是奢华。虽然本节以金属 AM 为例，原因是它最容易受到打印时间和后处理活动的影响，但本章的内容适用于所有 AM 技术。

对于没有专门面向 AM 设计的零件或工具，用增材制造制造金属可能非常昂贵。原因是相对直接的：金属 AM 系统昂贵，零件生产速度缓慢。一台适用于生产金属的 AM 系统的价格通常在 50 万～ 150 万美元之间。

人们可以乐观地假设一台金属机器将运行大约 80% 的时间，即每年运行 7000h 左右。仅运行 80% 的时间的原因是除去维护时间、机器清洁和准备时间、加热或吹扫时间、冷却时间以及零件拆卸时间等。

工业界通常收回基础设施投资成本的投资回收期为 2 年。当然，有些公司会使用更长的投资回收期，但是由于 AM 机器处于快速发展的技术领域，因此 2 年并不是一个不常见的投资回收期。除此之外，可能还会有一笔用于机器投资的贷款，其利率可能是 5%。还涉及一些其他成本，如安装机器的能源和劳动力成本，但与机器成本周期相比，这些成本相对较小。

每小时机器运行成本 =（机器采购成本 + 利息）/（投资回收期 × 运行时间百分比 × 每年运行时间）

机器采购成本 /（万美元）	机器运行成本 /（美元 /h）
50	37.45
65	48.69
100	74.91
120	89.89

这表明，金属 AM 机器典型的运行成本大约为 37 ～ 90 美元 /h（取决于机器的价值）。为了进行本节中的计算，我们选择 65 美元 /h 的中等运行成本。注意，以上是极为简化的计算，还可能包括许多其他因素，如企业日常开支和其他因素。

这意味着，如果单个零件需要 10h 的打印时间，则该零件的机器成本为 650 美元。但是，对于金属 AM，特别是当零件尚未针对 AM 进行优化时，打印时间通常会远远超过此范围，40h、60h 甚至超过 100h 的情况都并不罕见。例如，对于打印时间为 100h 的单个金属零件，它的机器成本为 6500 美元。

请注意，一台好的 CNC 机床可能与金属 AM 系统价格相似，因此每小时的运营成本相当。不同之处在于，一个典型的简单零件在 CNC 加工的时间比在 AM 系统上制造的时间短得多。与价格相近的注塑机相比，差异更大。注塑零件的制造时间通常在几分之一秒到几秒钟的范围内。

与 AM 零件生产相关的其他成本之一是原材料。铝粉和钢粉的价格通常在 30 ～ 90 美元 /kg 之间，而其他合金（如钴铬合金和钛合金）的价格可达 300 美元 /kg。使用金属 AM 时，零件需要支撑材料来支撑悬垂，更重要的是，支撑材料可以将零件锚固到构建平台并使热量从顶层传导出去。这通常意味着将浪费大约 10% 的材料（包括支撑材料和在筛分过程中被浪费的部分烧结粉末颗粒）。尽管必须考虑这种材料成本，但是与上述机器成本相比，它是相对较少的。

除了直接的机器成本外，金属 AM 通常还有大量后处理成本。这个成本包括对零件进行热处理、从构建平台上移除零件、从零件上去除所有支撑材料以及对其进行可接受的表面处理。

在 2018 年的 *Wohlers Report* 中，服务提供商被问及：在 2017 年，归因于打印以及前、后处理的零件成本各占多少百分比。结果见下表。包括 Daimler、

Premium AEROTEC、EOS 和 Materialize 在内的一些公司估计，用于前、后处理的零件成本最高可达 70%。

成本	金属（%）	聚合物（%）	两者均有（%）
前处理成本	13.2	10.9	10.0
后处理成本	31.4	20.2	27.0
前后处理总成本	*44.6*	*31.1*	*37.0*
打印成本	55.4	68.3	63.0

即使按照保守估计，即在前处理和后处理中的零件成本为 45%，上述打印时间为 100h 的单个零件的成本也高达 12 000 美元。现在，设计一个既可以减少打印时间又可以减少后处理时间的零件开始变得越来越重要。

接下来的两节将重点介绍减少金属 AM 打印和后处理时间的方法，因为这些因素对金属 AM 有最大的影响。但是，相同的原则和思考过程也适用于大多数其他的 AM 工艺。

不受设计影响的时间因素

金属 AM 零件生产中有一些因素需要花费时间，因此这些成本是不受零件设计影响的。例如铺粉时间，它是指 AM 系统在激光开始熔化该层之前铺上一层粉末所需要的时间。典型的铺粉时间为每层 4 ～ 15s，这取决于所使用的机器。假设使用平均值 8s，如果零件的高度为 100mm，层厚为 50μm，则该零件将包含 2000 层，那么总的铺粉时间则为 16 000s，即约 4.5h，若所用机器的运行成本为 65 美元 /h，则铺粉 4.5h 的成本约为 290 美元。

但是，铺粉时间并不是受设计影响的因素（除了降低零件高度），原因是对于相同高度零件的设计，良好的零件和设计不好的零件有着相同数量的铺粉层。

机器净化时间也是如此。金属 AM 机器是在惰性气体环境（通常是氩气、氮气或真空）中制造零件的，气氛净化时间是从构建室中除去氧气所花费的时间。根据机器的不同，这可能需要 10min 到 2h 左右。一些机器还需要加热构建室或构建板，这也需要一定的时间。这两种因素所花费的时间同样需要付出时间和金钱，但不受设计好坏的影响。

下表所列为金属增材制造所涉及的各个步骤以及总打印时间是否受零件设计影响。

AM 工艺步骤	是否受设计影响
前处理	
• 检查文件质量和必要的修复	否
• 在软件里准备打印任务，将零件排列到成型平台上	否
打印	
• 清理 AM 系统	否
• 净化系统的氧气	否
• 预热 AM 系统	否
• 打印零件	
—铺展粉末层（铺粉时间）	否
—激光扫描轮廓线	*是*
—激光填充图样	*是*
• 将成型平台从机器中移除	否
• 回收粉末	否
后处理	
• *释放热应力*	*是*
• 将零件从成型平台上移除	否
• 热等静压（HIP）	否
• *去除支撑结构*	*是*
• *热处理*	*是*
• 表面加工、喷丸处理、磨料流加工等	否
• 检查	否

3.6 尽量减少打印时间的设计

受设计影响的主要因素是熔化或沉积每一层零件需要的粉末的总量。这可以通过设计打印金属零件所需的时间来控制。大多数金属 AM 系统通过以“串行”方式熔化材料来进行工作，其中能量束在每个切片上“绘制”模型以使粉末熔化。在增材制造中，这称为轮廓线和填充图样。

这与用铅笔绘制填充正方形的原理相同。我们首先绘制正方形的外边缘（轮廓线），然后再用铅笔来回扫描（或填充）数百次以填充正方形。这意味着，要填充的表面积越大，能量束行走的距离就越长，并且创建模型中每个切片所花费的时间就越长（图 3-8）。

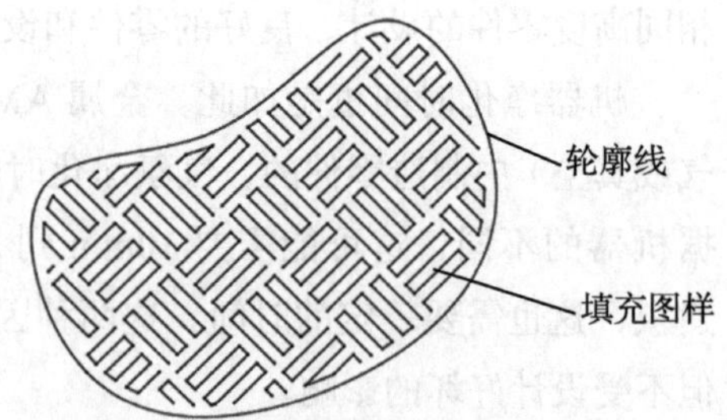

图 3-8　许多 AM 系统用于固化或沉积材料的轮廓线和填充图样

图 3-9 所示为液压歧管，它是为 CNC 加工制造而设计的，由一个金属块组成，其中钻了许多孔，形成互连的通道，液压流体可以通过这些通道流向相应的端口。如果用 AM 制造上述歧管，则歧管的任何特定切片看起来都将像是一个带有几个孔的填充正方形，如图 3-9 所示。

以上切片的扫描模式包含数米的激光扫描距离。如果歧管尺寸为 100mm × 100mm × 100mm，并且假设填充间距为 0.1mm，则每个正方形将需要大约 100m 的扫描以覆盖轮廓线和填充。换句话说，激光必须行进超过 100m 才能创建模型的那层切片。这需要时间，而这个过程需要花费金钱。如果激光以 330mm/s 的速度行进，则需要 300s（即 5min）才能填充完模型中的该切片，使用平均运行成本为 65 美元 /h 的机器，则创建每层切片的机器时间成本为 5.41 美元。

每片 5.41 美元听起来可能还不错，但是，如果层厚为 50μm（这被认为是相对较厚的层厚），则需要 2000 层来制造零件。那么，仅氦激光为这个零件扫描的时间成本就是 10 820 美元。

抽壳以减少打印时间。

相反，如果将同一个零件“抽壳”（即从零件内部除去大部分材料，仅保留指定的壁厚），则扫描距离将大大缩短，即打印时间更快。如果将壳体厚度设置为 2mm，并且使用与上面相同的填充间距参数，则零件每层切片的总扫描距离仅约为 4.5m。与实体模型相比，扫描距离减少了 95% 以上，这意味着激光器必须为模型的每层切片所做的工作减少了 95%。如果激光以 330mm/s 的速度行进，则现在只需要 13.6s 的时间就可以填充完模型中的该切片，而每层切片的机器时间成本为 0.24 美元（图 3-10）。

图 3-9 实体设计的歧管切片的扫描模式

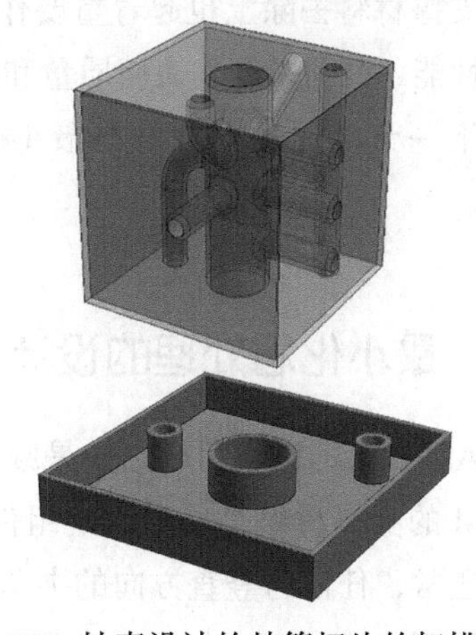

图 3-10 抽壳设计的歧管切片的扫描模式

零件完成后，内部空腔会充满粉末，如果重量不成问题，则可以将其留在空腔里。如果需要考虑重量，则可以添加出料孔，以便去除内部粉末。零件内部也会填充支撑结构，但是它们可以留在歧管中而不影响应用。

值得强调的是，上述 DfAM 规则非常重要：AM 最重要的设计规则之一就是尽量减少材料的使用。

除了所涉成本问题外，大量材料的使用通常没有什么工程优势，而且实际上可能是有害的，原因是这些区域会发现很高的残余应力，而且很可能造成零件扭曲。并且，如上所述，在增材制造中，它们还大大延长了打印时间。有许多去除大量材料的技术，除上述的“抽壳”技术外，还有用蜂窝、晶格甚至多孔材料填充固体部分。

在这方面，增材制造的逻辑与减材制造的逻辑相反。例如，数控加工总是致力于尽量减少切削（材料去除）量，以尽量减少时间，因此会留下大量材料。使用 AM 时，在设计中使用的材料越少，零件制造速度就越快，成本也就越低。

理解每一层的扫描时间并不是影响打印时间的唯一因素，这一点是非常重要的。其他因素包括铺粉时间（在前一层上铺一层新的粉末所需要的时间）和层预热时间，但其中大多数只能通过降低打印高度来减少打印时间，而不是通过改进零件的设计来实现。在竖直方向上，要构建的零件越大，其包含的层数就越多，因此就会需要更多的铺粉时间和层预热时间，因而打印时间就越长。

仅从时间的角度来看，最好以竖直高度最低的方向打印零件，原因为通常这将使打印时间最快。但是，由于打印方向在零件的机械性能、几何精度、表面质量和支撑材料去除上也起着重要作用，因此选择打印方向时要综合考虑打印时间、机械性能、几何精度、表面质量和支撑材料去除等因素。

下一节将通过支撑材料最小化的示例进一步说明材料去除如何有利于增材制造。

3.7 最小化后处理的设计

AM 设计的重要目标之一是减少打印零件时使用的支撑材料量。如前所述，金属 AM 的支撑材料是用于固定组件，以帮助支撑悬垂特征并将热量从组件传递出去。通常，任何与竖直方向的夹角大于某个角度值（该值取决于打印的材料）的特征都需要支撑材料。在某些情况下，使用墙体作为设计特征既可以避免使用支撑材料，又可以提高零件的强度。特别是，不使用任何内部特征中的支撑材料这一点非常重要，例如上述歧管的通道内部，因为这可能很难（或者说不可能）被去除。

在重新设计 AM 零件时可能有用的整体思考过程包括：

1）将零件简化为仅有提供功能的那些特征。

任何违反“均匀厚度规则”的结构都会引入不必要的材料，会增加成本，导致更多的残余应力，并因此需要更多的支撑材料和热处理。

2）确定如何将那些特征连接在一起。

3）现在考虑最合适的打印方向取决于什么很重要。

4）通过运行支撑生成软件以查看结果。

- **考虑用永久性墙体代替临时支撑**。支撑材料可以看作是在零件打印后将被去除的临时墙体。那么，为什么不考虑用永久性墙体代替临时性墙体，使其成为零件的特征呢？
- **考虑改变需要支撑特征的角度**。如果一个特征是水平的，则其下方就需要支撑材料。但是，如果可以更改其角度，倒角或插入与底部水平面成 45° 的三角板，就可以避免使用支撑材料。

5）重申。

现在，让我们来审视可以用于重新设计上述 100mm × 100mm × 100mm 歧管（钢制）的完整的逐步设计思考过程。

设计过程首先通过消除所有被塞子堵塞的钻孔（换句话说，所有的孔都没有其他功能目的，只允许创建内部通道）来简化原始的“块状”设计。我们所追求的是最简单地表示“块状”歧管，即仅包含用于输送液压流体的实际通道。在此阶段，用圆角平滑通道接合处，以使流体的流动比原始的直孔所允许的流动更加平滑也是有用的（图 3-11）。

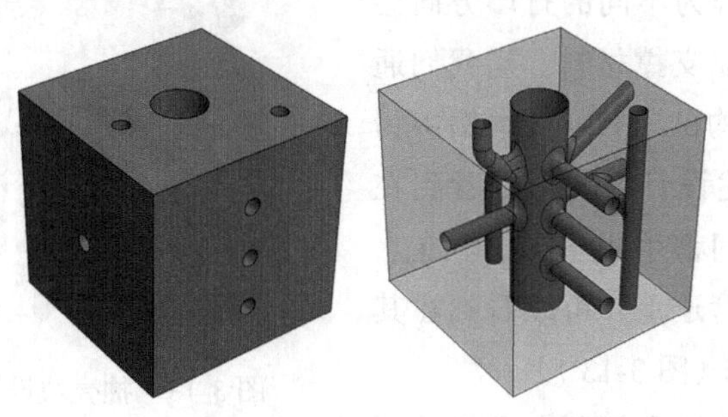

图 3-11 经简化的“块状”设计歧管，仅包含所需的输入和输出通道

一旦“块状”设计被合理地简化了，下一步就是去除立方体的所有多余材料，只剩下形成歧管通道的管道。换句话说，我们将零件简化为仅有提供功能的那些特征。大多数CAD软件包都具有“抽壳”功能，该功能允许删除零件的表面，仅留下指定壁厚的产品外壳。在本案例中，我们只需选择立方体的所有六个外表面被移除，仅留下内部通道结构，本例的壁厚为2mm（图3-12）。

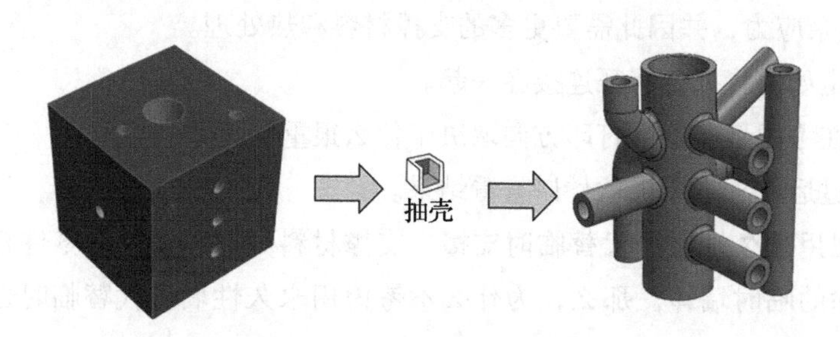

图3-12　在块设计上进行抽壳操作后的歧管设计

另外，现在可以更好地看到整体歧管了，这是决定是否可以改善其功能性的一个好时机，例如，更改一些当前水平伸出的通道，通过加一个弯曲使它们垂直地出来。如果是这样，最简单的方法通常是返回并修改原始的“块状”设计，然后重做抽壳功能。在这种情况下，让我们想象一下设计在功能上已经是尽可能合理的了，因此下一步就是从增材制造优化的角度审视设计。

在设计的这个阶段，要考虑的一个重要因素是打印方向，原因是这会影响所有其他设计决策。在进行增材制造设计时，由于零件方向将决定各向异性的方向、表面质量、孔的圆度和支撑材料等，因此应始终围绕要打印零件的特定方向进行设计。

我们需要做的第一个设计决定是零件打印的方向，因为不同的打印方向会在不同的位置生成支撑材料。当我们通过用生成支撑结构的软件（在本例中为Magics）运行上述设计时，可以看到在所有水平管道之间都生成了支撑。在水平方向的大直径管道上，可以看到在其内部也生成了支撑（图3-13）。

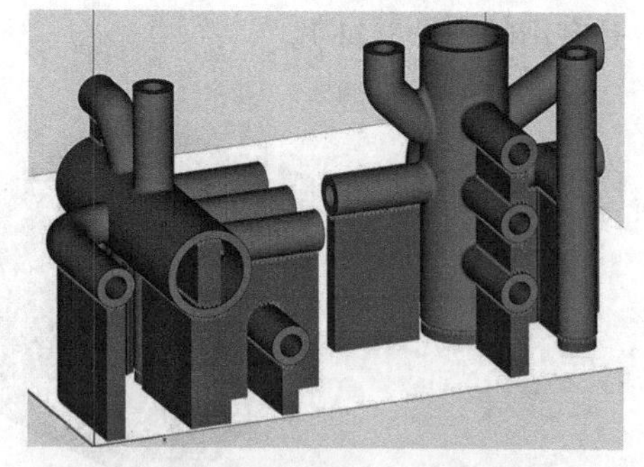

图3-13　抽壳块设计在两种不同打印方向上所需的支撑材料

原则上讲，这两个打印方向都是可

以的，但是在打印后必须除去其支撑材料，并且必须进行一些表面处理以改善支撑材料与实际零件接触区域的表面质量。当然，这增加了表面处理零件所需的劳动量，延长了零件的交货时间，并增加了成本。也可以说，当大直径管道处于水平的打印方向上时，从管道内部去除支撑比从所有外表面去除支撑更困难。因此，除非有一些其他优势需要将大直径管道在水平方向上进行打印，否则更好的打印方向应是竖直放置。

如果这个设计练习的唯一目的是实现最大程度的减重，则该设计练习现在就完成了，因为在最终零件中，其仅包含了最少的所需材料。

但是，值得考虑的一种设计方案是在每个水平通道的下方放置一块薄壁，以完全消除对支撑材料的需求。其目的是让增加的薄壁成为支撑材料并成为零件的永久特征。

在图 3-14 所示的示例中，底部的壁以 45° 倒角，因为这是我们设定的使用支撑材料的极限角度，并且我们在薄壁中添加了椭圆形孔以减轻重量，但添加的孔不需要支撑材料。由图 3-14 可以看出，采用这种新设计，唯一需要的支撑材料就是将零件焊接到构建平台上所需要的支撑材料。

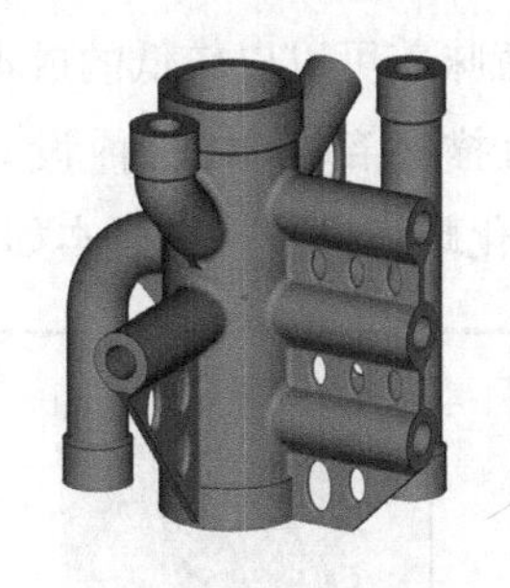
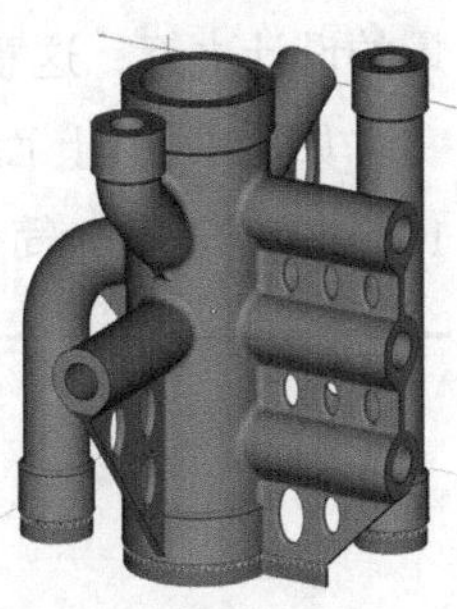

图 3-14　通过优化金属 AM 设计所需的支撑材料

添加这样的支撑壁还会有功能上的好处，因为它可以提高管道的刚度。可以想象，当用扳手将液压配件拧入歧管时，会对管道施加很大的侧向力。而增加的壁可以抵消部分侧向力，并有助于将损坏的风险降到最低。

在这个例子中，通过电火花线切割加工或锯切方式将零件从构建平台中取出时，除了需要经过快速喷丸处理以及某些歧管零件需要攻螺纹之外，此时的零件几乎已经准备就绪。

在进行增材制造设计时，有许多设计规则和准则规定了诸如最小壁厚、需要支撑材料的最小孔径以及需要支撑材料的极限角度等因素。这些将在本书后续的相关章节中进一步讨论。在上面的设计示例中，我们仔细调整了所有水平管的尺寸，使其具有不需要支撑材料的内径（通常在 6 ～ 8mm 之间，具体取决于所使用的 AM 系统）。我们还借此机会添加了其他一些特征，如在管道上将要攻螺纹后处理操作的地方添加了一些材料。在这里，再次使用 45° 倒角对设计进行了优化，以消除对支撑材料的需求（图 3-15）。

在上述示例中，原始的 100mm × 100mm × 100mm 块形歧管设计的重量（钢制）为 7.4kg。相比之下，金属 AM 优化设计后零件的重量仅为 600g。这意味着歧管的重量减轻了 94% 以上，更不用说其大大减少了打印时间和成本。

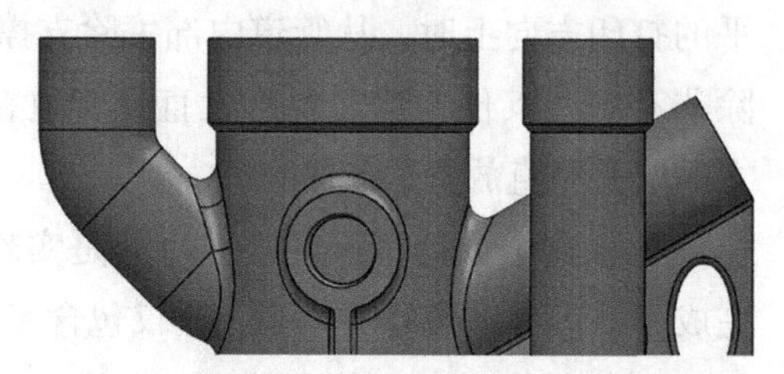

图 3-15 将材料添加到需要后续攻螺纹的管道中，以 45° 倒角来消除支撑材料的需求

在打印金属 AM 零件的许多情况下，一些支撑材料是不可避免的。上面的示例演示了一些简单的如何能够极大地减少所需的支撑材料量和处理量的设计决策，这意味着可以以较低的成本获得更好的产品。

如果采用上面描述部分中三种设计建议中的一种来制造上述 100mm × 100mm × 100mm 简化歧管设计，则成本如下：

	固体块状歧管	抽壳的块状歧管	优化的 DfAM 歧管
填充图案的扫描时间	191h 1min 33s	36h 31min 21s	19h 40min 39s
金属机器成本（以 65 美元 /h 计）/ 美元	12 415.00	2 379.00	1 261.00
材料重量	7.411kg	1.232kg	0.558kg
材料成本（按 70 美元 /kg+10% 损耗计算）/ 美元	570.64	94.86	42.96
316L 不锈钢零件的官方报价 / 美元	15 293.82	3 735.12	1 986.25

这表明机器成本是影响 AM 零件生产的主要因素之一，而影响机器时间最大的可控因素是需要填充大量的材料而延长的时间。它可以定量地证明，即使是用壁厚均匀的壳体替换大量材料这样的简单策略，也可能会影响填充时间，从而对加工时间和成本产生重大影响。请注意，我们并不是说使用抽壳是最好的策略，

只是它清楚地表明了避免大量材料的效果。

以块状歧管为例，该练习已经演示了一些可以进一步减轻重量并减少填充时间的 DfAM 技术，此外还介绍了使用真正的薄壁代替支撑材料以最大限度地减少后处理时间的技术。另一种同样有效的技术是更改特征的角度，使它们始终处于比需要支撑材料的角度更陡的角度。

上面练习从经济的角度证明了设计对增材制造的重要性。将面向 AM 设计的零件与直接用 AM 制作的传统零件相比，两者的成本差异大到足以表明 DfAM 是用 AM 制造零件过程中必不可少的部分。再加上诸如改进功能、缩短上市时间、减少材料浪费等不太可量化的附加值要素，因此提出 DfAM 具有绝对必要性的论点并不难。

下面是 Atlas Copco 地下钻机中使用的液压歧管的实际例子，该钻机使用上述技术将歧管重量减少了 90% 以上，并大大增加了其功能。重新设计的 Atlas Copco 歧管只需要最少数量的支撑材料。而且，该歧管所需的支撑材料均位于易于进入的位置，因此相对容易去除。在针对金属 AM 进行重新设计之后，歧管的重量从 14.6kg 降至 1.3kg，减轻了 90% 以上。

除了减轻重量之外，歧管的功能也得到了改善。在原始设计中，入口和出口的位置取决于最易于钻孔的方向，而不是最适合使用或组装的位置。在重新设计的版本中，出口移至顶部表面，而只有入口保留在底部表面。这大大减少了将歧管安装到机器中所需的总体积（图 3-16 ~图 3-18）。

几乎任何产品，无论多么平常，都可以视为金属增材制造设计中一项很好的练习。甚至像小型台式酒蒸馏器都可以成为 DfAM 的一个很好的例子（图 3-19）。

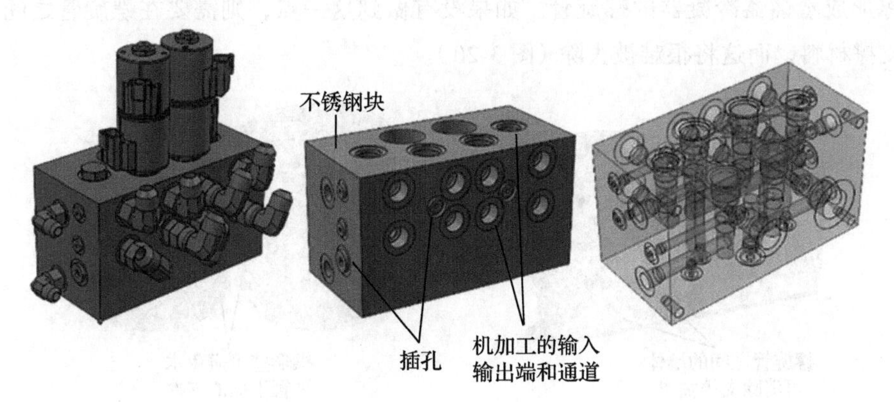

图 3-16　原始的 Atlas Copco 歧管块设计

a）带有未清除的粉末　　b）具有附加的支撑结构　　c）已去除支撑材料

图 3-17　面向 AM 设计的液压歧管

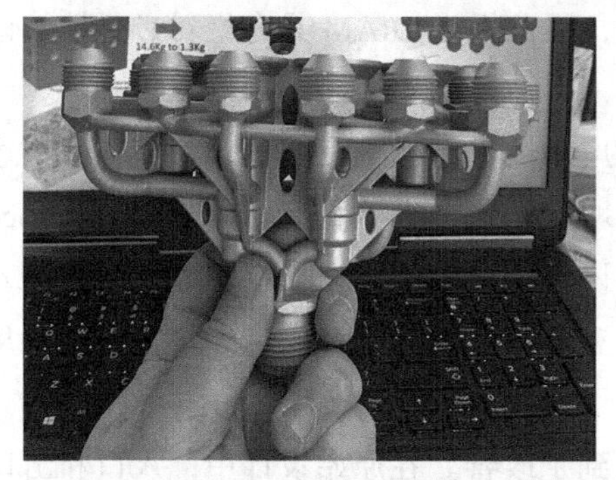

图 3-18　用金属 AM 生产的成品液压歧管

图 3-19　用 AM 生产的铝制酒蒸馏器

将上述产品视为设计挑战，以尝试设计尽量少使用甚至完全不使用支撑材料的蒸馏器（除了将其焊接到构建板上所需的材料之外）。其尺寸仍然是 117mm × 58mm（其桶的直径）× 66mm 高。

该设计通过使用与上述歧管设计示例所描述相同的“墙体代替支撑”技术来支撑形成蒸馏器冷凝器的螺旋管。如果没有做到这一点，则需要在螺旋管之间使用支撑材料，而这将很难被去除（图 3-20）。

图 3-20　使用墙体来避免对支撑材料的需要

通常，应避免表面积大于几平方毫米的任何悬垂以及与竖直方向夹角大于 45° 的特征，因为它们需要支撑材料。当然，该角度可以根据要打印的材料而变化。在本例中，蒸馏器是用铝打印的，因此设计时要确保没有任何超过 45° 的角度（图 3-21）。

拥有这种设计，意味着在打印之后，仅仅需要将蒸馏器从构建板上切下来进行喷丸处理，然后就可以使用了。

重要的是，要有意识地进行增材制造的设计，并做出合理的决策，决定使用哪种策略以最大限度地降低零件成本和所需的后处理量，或者采用哪种其他 AM 设计准则。使用少量的支撑材料是可以理解的，实际上，这往往是不可避免的。但是，应该由设计工程师做出明智的设计决策，以决定支撑的位置，以及是否存在可以用来避免支撑而又没有损失零件功能的设计策略。

图 3-21　酒蒸馏器所需的支撑材料

3.8　利用设计复杂性

AM 不受设计复杂性的限制使您可以制作几乎任何能想象出的形状。如果可能，可以利用该优势使产品具有独特的美感。

- 添加装饰细节无须花费更多，因此您可以借此机会直接在零件上添加各种增值装饰，如公司徽标、零件编号、标识存储位置、校准帮助或操作说明等都可以直接打印在零件上。
- 使用抽壳、肋板、角撑板、桁架以及拓扑优化等，使产品尽可能轻。
- 倒圆所有锐边。这既有助于更舒适地握持和处理产品，又有助于减少尖角可能引起的应力集中。对所有锐边进行圆角处理也消除了“刀刃”问题，尤其是在制造零件时可能引起问题的垂直锐边。

3.9　功能第一，材料第二

工程师倾向于关注之前相似零件制造时所用的材料，并经常坚持要求 AM 零件必须由相同材料制成。由于AM使您可以采用新的设计方式，通常最好首先考虑零件必须执行的功能，并围绕其功能进行设计。一旦设计完成，就可以查看可用的AM材料，看看其中一种是否适合该功能，以及是否满足其必须达到的力学性能。

由于面向AM设计的零件通常比传统设计的零件需要的材料少得多，因此可以使用规格更高、更昂贵的材料来制造零件，而无须花费比传统设计（使用较低规格的材料）更多的成本。

3.10 使用拓扑优化或晶格结构

AM允许的复杂性意味着现在可以生产拓扑优化的零件。拓扑优化（Topology Optimisation，TO）是一种数值方法，可以在给定的设计空间内和给定的边界条件下优化材料分布，以使最终的分布满足一组指定的性能目标。换句话说，它能使用数学方法删除零件中所有未发挥有用功能的材料。

对于传统的制造技术，尽管拓扑优化设计在设计标准方面是最佳的，但对于制造来说可能是昂贵或不可行的。然而，AM技术现在允许制造这种复杂的、优化的形状（图3-22）。

图3-22b所示的开瓶器由图3-22a中的实心铝块加工而成，重量刚好超过4g。相比之下，图3-22c所示的拓扑优化开瓶器的重量不到1g。

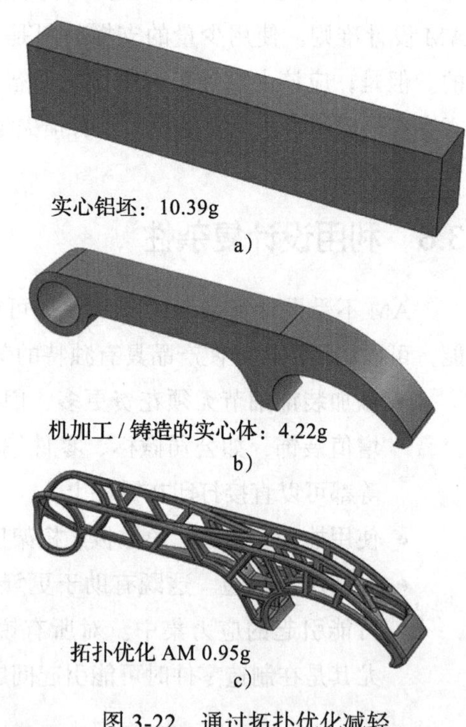

图3-22 通过拓扑优化减轻开瓶器重量的示例

现在有很多拓扑优化软件包。例如，其中包括：

专业的拓扑优化软件：

- Altair Optistruct和SolidThinking Inspire。
- TOSCA。

- Top3D（MATLAB）。
- ParaMatters。
- Live Parts。

最高端的 FEA 产品：

- ABAQUS。
- Nastran 等。

大多数拓扑优化的一般工作流程如下：

（1）**简化模型**　删除设计中由于传统制造而产生的所有特征。我们寻找的是可以用软件优化的、相对较大的“块”材料。拓扑优化软件的“设计空间”越多越好。如果我们从已经很少量的材料开始，软件就没有足够的自由度来优化零件。

（2）**将合适的材料应用于模型**　选择将要用作零件的材料。请记住，通过使用拓扑优化可以极大地减少所用材料的量，因此可以使用比原始材料更昂贵和 / 或更佳的材料。

（3）**划分模型**　将模型分为不希望软件影响的区域和“设计空间”。这样做的目的是为软件提供尽可能大的设计空间。

（4）**为在模型上如何施加力设置不同的工况**　一个好的策略是在每种工况中使用单一的力。每种工况都可以通过模拟该特定工况下的最坏情况来设计最优零件。然后可以将各种工况的设计概念组合成一个涵盖所有受力工况的新设计。但是，如果您了解每个单独力的影响，也可以同时设置多个受力的优化。

（5）**执行拓扑优化**　通过软件运行设计，让软件完成其工作。

（6）**转换为平滑模型**　将粗糙的拓扑优化结果转换为平滑的可打印模型。

执行拓扑优化最关键的方面之一是必须很好地理解作用在模型上的力。如果模型设置不正确，则其生成的结果将毫无意义（图 3-23）。

图 3-23　充分理解作用在零件上的真实力和约束对于拓扑优化至关重要

请注意，拓扑优化不是自动生成可用模型的过程。它生成的结果是粗糙的模型，之后必须对其进行平滑处理（图 3-24）。

有多种方法可以生成这样的平滑

模型：

- 使用某些拓扑优化软件提供的内置 PolyNURBS 功能。这能够以非常有机的方式对模型进行平滑处理。
- 使用专用的平滑软件，如 Materialize 3-Matic 或 Geomagic。
- 将粗糙的拓扑优化设计概念用作模板，在本地 CAD 中重新进行 CAD 设计。这是本书作者的首选方法。这种方法的优点是最终能够得到一个可以以常规 CAD 方式建模的参数化模型。

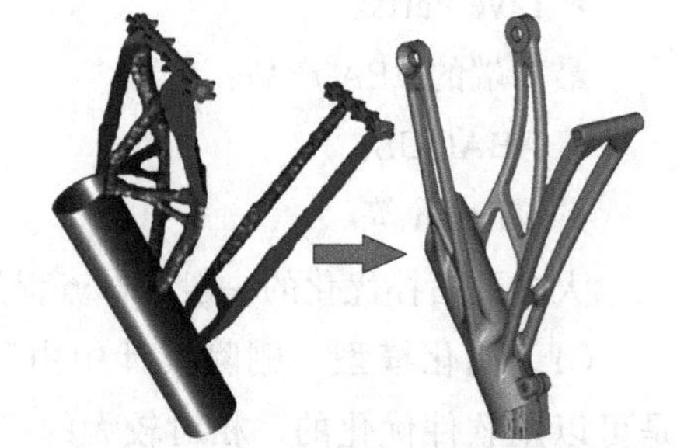

图 3-24 拓扑优化产生了一个粗糙模型，之后必须对其进行平滑处理（由 Renishaw 提供）

Chapter4 第 4 章

用于增材制造零件设计分析和优化的计算工具

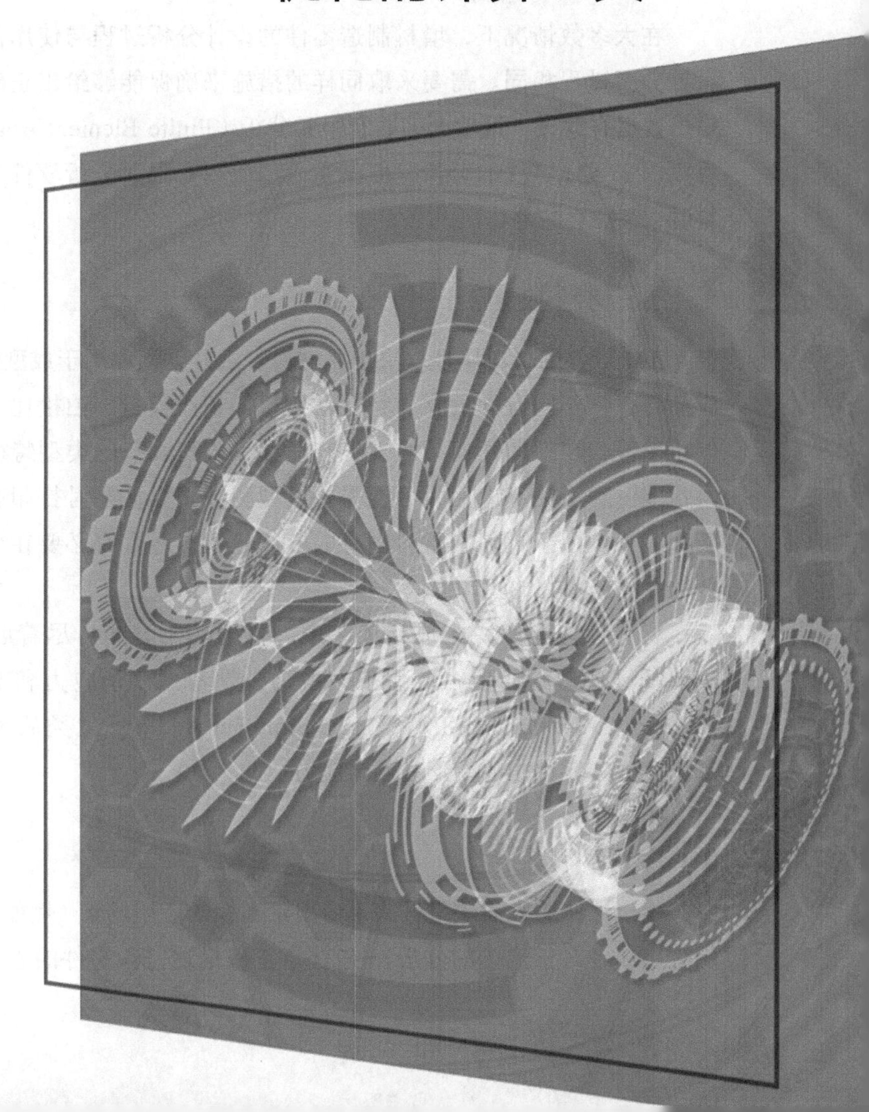

4.1 对增材制造使用设计分析的目的

使用与增材制造相关的仿真工具可能有多种目的。与传统设计分析一样，第一个目的是模拟虚拟设计的性能，并使用此信息根据给定的标准手动或自动改进设计。这避免了制造原型和设置测试平台时耗时且昂贵的步骤，从而实现设计过程中的快速迭代。第二个目的是模拟物理成型工艺，以帮助找到最佳的制备方向、支撑结构、材料特性或变形补偿。

4.2 分析 AM 零件的特殊注意事项

在大多数情况下，增材制造零件的设计分析过程与使用传统方法制造零件的设计分析过程相同。需要采取同样的措施来确保能够给出正确的输入数据，以使输出数据有意义。虽然大多数有限元分析（Finite Element Analysis，FEA）软件都可以用于 AM 零件的分析，但是当人们使用有限元分析软件来分析标准零件和材料时，往往会忽略以下几点。

4.2.1 材料数据

AM 零件的材料属性取决于原材料、机器类型和用于成型的工艺参数。材料供应商将提供不同方向的材料特性估值，如杨氏模量、泊松比、屈服强度以及断后伸长率等。零件的几何结构、工艺参数和成型设备的类型特征也会影响最终的材料性能。对于关键应用，可能需要成型测试试样，并对打印态的材料特性进行分析和表征。由于打印态材料固有的各向异性，通常有必要在材料模型中考虑这一特性并指定零件的打印方向。

材料性能还取决于成型工艺中零件的热量分布。尽管后续的热处理过程可以降低这些影响，但在成型工艺中仍必须考虑残余应力和变形，诸如 Autodesk NetFabb、ANSYS exaSIM 和 MSC Simufact Additive 之类的软件都可以用于预测和调整 AM 零件中的变形和残余应力。

4.2.2 表面处理

对于那些将表面质量作为重要因素指标的应用场景（例如将疲劳作为重要因素的分析或者对于流体的分析），应注意正确描述打印零件的表面性能。由于表面质量很大程度上取决于零件在成型室中的方向和位置，因此在仿真工具中充分描述这一点可能很困难。尽管通常可以通过后处理来改善表面质量，但是对于难以触及的区域（如内部空隙）可能很难或无法对其进行机加工或抛光。

4.2.3 几何

尽管所谓的“复杂性零成本”是 AM 的主要优势之一，但是在进行 FEA 时，对于计算时间来讲并没有完全摆脱几何的复杂性限制。与常规 FEA 一样，尽可能简化几何结构对于缩短求解时间很重要。

4.2.4 简化几何

我们应该尽可能删除表面特征，如文本、徽标、螺纹（在可以使用简化螺栓连接的情况下）和非结构性倒圆角等。但是，即使去除了表面特征，通过拓扑优化和基于晶格设计生成的零件也可能导致零件几何结构非常复杂。由于表示复杂的几何结构需要大量参数，因此该复杂的几何结构很难用于 FEA。降低这种复杂性的一种方法是在分析过程中，以具有近似材料属性的固体结构来代替小尺寸的晶格结构。另外，通过梁结构也可以降低其复杂性。为了降低基于拓扑优化的设计复杂性，通常将零件手动重新建模为参数化的 CAD 模型，并忽略小尺寸特征。

4.2.5 基于网格的模型与参数化模型

用于创建高复杂度的 AM 设计软件通常仅支持基于网格模型的工作流程和几何图形导出。因为 FEA 软件不仅需要面网格（壁厚均匀的外壳除外）还需要体网格，所以上述情况可能会导致软件之间互通性的问题。尽管理想情况下，用于 3D 打印的几何图形应该是封闭的体积，但对其要求却不像对 FEA 几何图形的要求那样严格，因为即使 FEA 软件不能识别某些 3D 打印的几何图形，该几何图形也可能被很好地打印出来。理想情况下，任何需要使用 FEA 分析的零件都应在实体建模 CAD 软件中进行建模或者重新建模。但是，手动重新建立 CAD 复杂模型并不总是可行的。一些建模软件为解决这一问题设有以下功能：当输入几何网格定义明确且没有错误时，诸如 SolidThinking Inspire 和 ANSYS DesignModeler 之类的软件可以或多或少地自动对基于几何网格的模型进行“蒙皮”以生成样条光滑的曲面。对于单个验证 FEA，此方法效果很好，但如果需要进一步的设计迭代，则此过程将比重新建模变得更加耗时。

4.2.6 几何变形

对于关键部位，需要注意确保所分析零件的几何形状与打印的零件几何形状相同。也就是说我们需要考虑制备过程所引起的所有变形，可以通过成形工艺模拟或者对打印零件进行精准的三维扫描来分析相应的变形情况。对于具有严格公差要求的塑料零件来说，制备过程变形的分析尤为重要，因为随着时间的推移，由于变形所产生的接触压力可能会导致材料产生蠕变和零件过早失效。

4.3 网格划分

4.3.1 参数化模型

原则上来说，如果模型是参数化的，则与常规 FEA 相比，无须对有限元网格划分过程进行任何特殊考虑。理想情况下，仿真分析结果应与有限元网格无关，也就是说，如果进一步细化有限元网格，那么仿真分析结果不应该发生变化。通常情况下，分析软件具有研究网格收敛性的方法：在结果梯度变化大的区域中迭代地优化有限元网格，直到需要研究的结果在两次优化迭代之间没有明显变化为止。

4.3.2 基于网格的模型

需要注意的是，导入基于几何网格的模型时，该模型的网格要足够细以满足 FEA 要求，因为通常无法通过这类模型获得诸如曲面曲率之类的信息。在可能的情况下，应使用壳单元和梁单元以降低计算结构时的复杂性（如晶格和薄壁的设计）。

4.4 边界条件

与任何 FEA 一样，只有精确表示边界条件才能获得有意义的结果。在结构分析中，点载荷、固定支撑和规定的位移会出现人为导致的高应力奇异点。在流体动力学分析中，入口和出口边界条件通常无法很好地表示该区域的流量。因此，应将施加边界条件的表面尽可能地远离相关区域。如果要分析的几何体是较大组件的一部分，应考虑系统中的其他各个部分，以获得更精确的边界条件。

4.5 优化

适用于 AM 设计的几种优化方法包括拓扑优化（TO）、结构优化和尺寸 / 参数优化（Parametric Optimisation，PO）。TO 和 PO 可以从优化主体、设计空间的大小以及获得可制造设计所需的后处理量方面实现优势互补。TO 主要用于在给定负载的情况下减小零件质量，从而得到材料分布场或网格形式的结果。这种方法最常应用在概念开发的初期阶段。PO 可用于处理任何可计算的约束和 / 或目标，并生成具有最佳尺寸的参数模型。PO 通常用于开发过程的后期阶段，用于微调已有的设计。

4.6 拓扑优化

拓扑优化可以基于给定的特定目标和负载情况下找到理想的材料分布。通常这意味着找到最小的柔度结构，即在给定允许重量的情况下，其结构应尽可能坚硬。尽管 TO 在 20 世纪 80 年代末就被首次引入，但由于所生成的设计高度复杂，同时对中等复杂的 3D 结构优化过程所需的计算成本高昂，TO 在很大程度上仅限于学术用途。即使在今天，尽管原则上可以使用 AM 直接生成复杂的几何结构，但是这种高复杂度仍然限制了拓扑优化的使用，因此 TO 主要是作为一种在概念设计阶段寻找最佳负载路径的启发手段。

大多数 TO 算法基于离散化设计空间，该离散化设计空间由多个二维或三维单元组成，每个单元都分配有伪密度。伪密度表示一个单元中材料的数量，介于 0（无材料）和 1（完全致密的材料）之间。目的是在给定的目标和约束条件下，为每个单元找到最佳的伪密度。通常会通过各种惩罚函数和平均试探法过滤掉中间材料密度，以避免不可生产的解决方案。

4.6.1 目标与约束

拓扑优化可实现许多不同的目标，如柔度最小化（对质量的约束）、质量最小化（对可允许应力或位移的约束）以及谐振频率最大化（对质量的约束）等。也可以对几何结构施加约束以有利于采用不同的生产方法制备该零件，如均匀的厚度和起模斜度等。

TO 最常见也可能是最可靠的目标是最大限度地降低结构中的平均柔度。由用户指定应保留在设计中的确切质量或体积百分比，优化算法则会找到最佳的材料分布。这种方法的主要缺点是可能需要经过多次迭代才能找到合适的体积百分比。

4.6.2 通用设置

用户可以控制的设置通常是最小特征尺寸，即优化设计中允许的最薄部件。在没有任何限制的情况下，TO 趋向于得到具有许多薄构件的桁架状结构，接近 Michell 桁架（图 4-1）。尽管是最佳结构，但这些结构即便是应用 AM 也很难制备。因此，最小特征尺寸应至少设置为 AM 机器的最小特征尺寸。

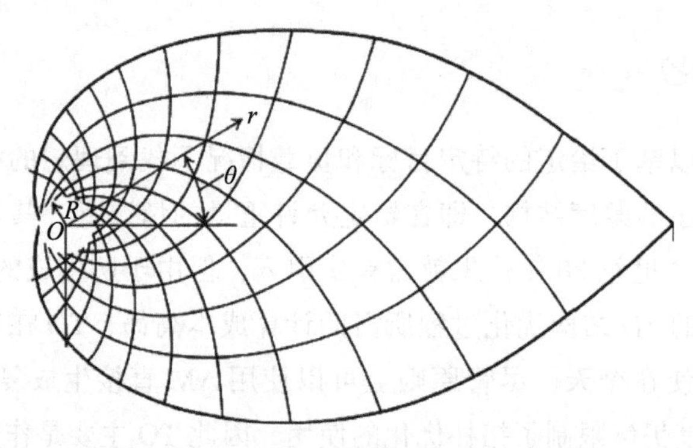

图 4-1 Michell 桁架示例（由佐治亚理工学院的 Glaucio H. Paulino 提供）

TO 中的网格大小或细化程度也将极大地影响结果。网格太粗会导致设计笨重，但网格太细则需要大量计算时间，还会导致高度复杂的几何形状。

4.6.3 后处理和解释结果

即使为不同的设置精心选择了输入值，TO 的输出通常也不适合直接生产。在功能层面上，需要重新添加用于紧固件和连接的孔；在美学层面上，需要使表面平滑或使其更加对称。尽管基于网格模型的编辑器可以完成其中的一些任务，但是参数化建模将简化流程，并生成便于日后修改的模型。此外，参数化模型将使设计验证和 PO 更为直接。

通常，后处理步骤包括滤除材料密度低于用户自定义阈值的单元。另一种方法是将连续的材料密度转换为具有可变密度的介观尺度结构（如晶格结构），这些结构可以通过 AM 生产。例如，当前一些软件可以同时进行 TO 和晶格结构尺寸优化，以进一步减轻零件的重量。

4.7 参数或尺寸优化

拓扑优化在优化参数选择方面是相当有限的。为了微调设计并考虑其他目标，参数模型和参数优化是必不可少的。由于此过程与通过传统方式生产出的零件的 PO 并无不同，因此读者可以直接参考任何参数化建模教科书以获取更多信息。

4.8 成型工艺仿真

由于增材制造（尤其是金属增材制造）是一个耗时且昂贵的过程，因此降低建造过程中的碰撞和零件制备失败的风险是非常重要的。尽管经验丰富的操作员和进一步优化的工艺参数可以降低这种风险，人们对成型工艺仿真的兴趣仍然日益浓厚。此外，成型工艺仿真可以更好地了解局部材料性能是如何随材料本身、工艺参数和零件几何形状而变化的。Autodesk NetFabb、ANSYS exaSIM 和 MSC Simufact Additive 等商业仿真工具均可实现上述功能。

当前成型工艺仿真主要有两种方法：逐层仿真和扫描模式仿真。

4.8.1 逐层仿真

逐层仿真通过 FE 模型在整个成型工艺中模拟每一层的加热和冷却（可以将几层堆叠在一起以缩短求解时间）。该模拟过程中得到的由于材料收缩引起的残余应力和变形，可以用于预测零件变形是否会干扰再次铺粉以及最终零件的整体应力和变形状态，还可以模拟热处理的效果以及从基板上移除零件的效果。逐层仿真也可以使用仿真数据来自动补偿几何形状的热变形，以使最终零件更匹配原始 CAD 模型。此外，应力预测可以用于自动创建支撑结构。

4.8.2 扫描模式仿真

基于扫描的仿真也可以采用逐层方法，但是当需要获得更高要求的细节信息时，可以将激光扫描路径考虑在内。该方法能够提供更准确的结果，然而仿真时间也更长。

4.8.3 局限性

尽管成型工艺仿真提供了许多新的可能性，如预测零件的行为和补偿零件的几何形状，但是该仿真过程在本质上是有顺序的，并且计算量巨大，导致仿真时间有时约等于或超过物理制备时间。

由于构件的加热特性高度依赖于机器校准、工艺参数、材料和构件在成型室中的位置（特别是对于聚合物 LS），因此在仿真中考虑这些因素至关重要。仿真模型的校准必须通过打印和测量测试件来完成，校准参数采用仿真所关注的参数。

Chapter5 第5章

零件合并准则

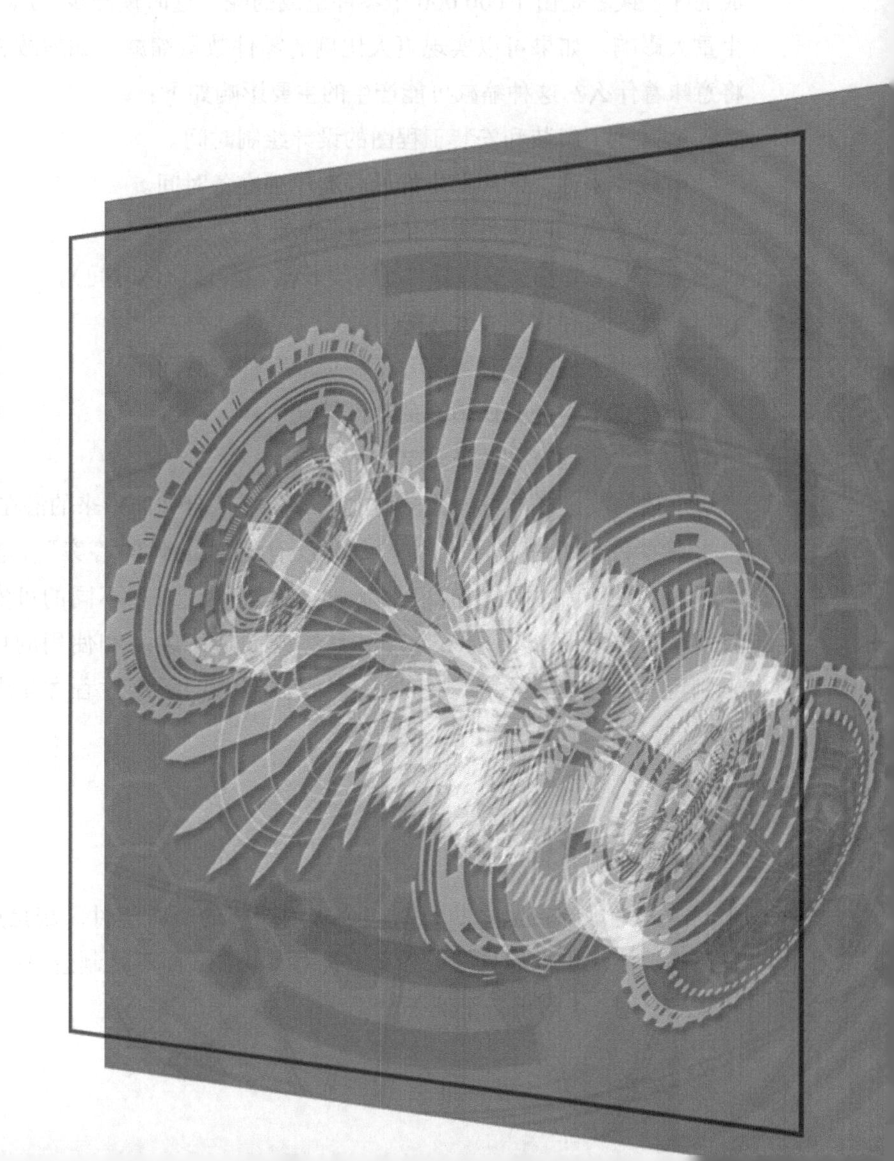

在设计时，先进行如下思考：对于要实现的功能，应该采用什么样的零件结构使其足够简单同时可以找到避免出现各向异性的打印方向？这种思考常常会使零件合并成为不错的选择。

零件合并就是将由许多简单零件组成的产品转换为由更少但更复杂的零件组成的产品。下面的指南代表了一个总体思路，可以帮助工程师和设计师确定是否可以应用零件合并。

例如，一个产品由 10 个零件组成，如果可以减少 10% 的零件数量，那么意味着什么？也许在你看来减少的并不多。但是，如果这个产品是由 10 000 个零件组成的呢？或者是由 1 000 000 个零件组成的呢？这时候减少 10% 的零件数量将会产生重大影响。如果可以实现更大比例的零件数量缩减，如缩减 30% 甚至 60%，这将意味着什么？这种缩减可能产生的主要影响如下：

- 减少了组装和安装工程图的设计绘制时间。
- 减少零件采购周期中的原材料单独准备时间。
- 需要购买的零件更少（供应链开支）。
- 接收 / 检查更少的零件（接收开支和质量评估时间）。
- 减少库存负担（运营费用）。
- 减少了从库存和配套零件中提取零件的时间。
- 减少了组装时所消耗的生产劳动。
- 减少了检查和认证环节。

上述的改进影响可能会抵消由于 AM 零件合并而带来的潜在的成本增加。

在零件合并中需要记住的是“没有绝对正确的答案”，这一点是非常重要的。为了使产品由更少的组件制成，总是存在许多不同的可实施方案。要想比较哪个方案更好，必须结合产品具体的制造、组装和使用的场景进行确定。用来判定一个零件是否应该与另一个零件合并的思维过程才是考虑零件合并时的重点。

5.1 功能设计

首先考虑在产品中执行某一个实用功能的所有组件。聚焦产品在特定环境下发挥其功能来执行的具体任务上。针对其功能（而不是制造该产品的过程）进行优化设计。图 5-1 给出一个例子。

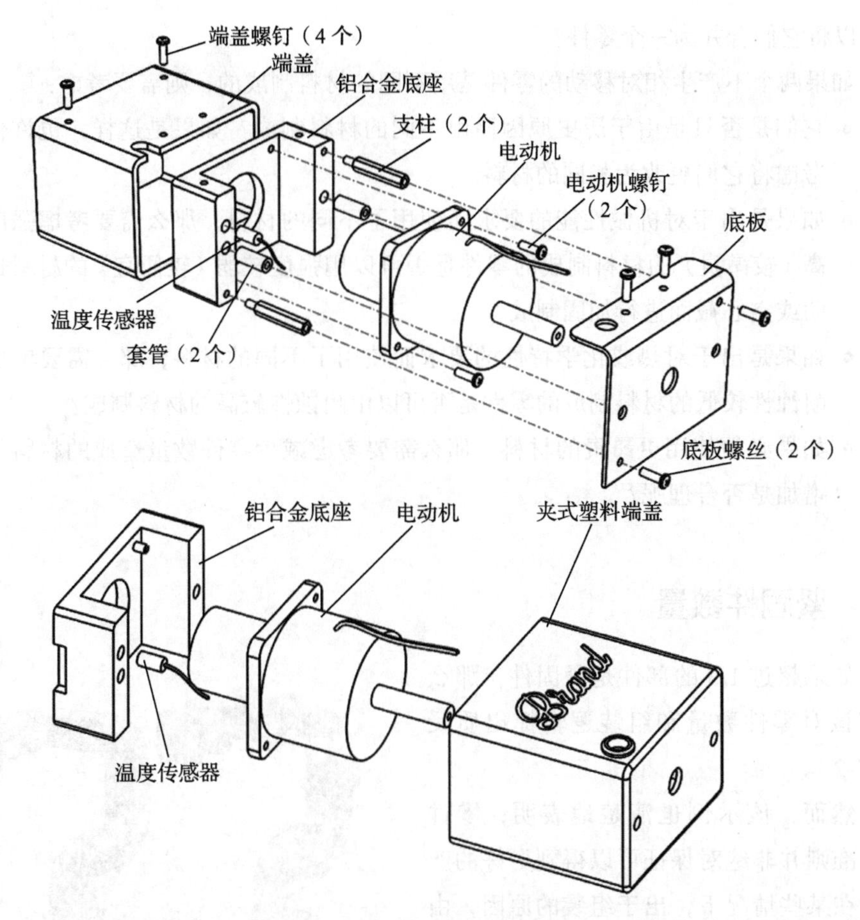

图 5-1　顶部设计包含 19 个零件、若干装配步骤和紧固件。零件合并的设计将组件数量减少到 4 个，并且可以采取更方便的装夹方式

- 尽可能消除过盈配合。保持过盈配合需要花费较高的成本，但在通常情况下过盈配合是可以避免的。如果将两个配合零件组合为一个零件，那么控制配合零件的公差带来的所有问题和成本都将消失。
- 是否所有不附加特定功能的组件都是多余的？
- 是否可以将所有仅用于安装或封装功能的组件组合为单个组件？

5.2　材料方面的考虑

如果两个或多个零件由相同的材料制成，并且彼此之间不产生相对运动，是否可以将它们合并为一个零件？

如果两个不产生相对移动的零件是用不同的材料制成的，则需要考虑：

- 它们是否只是由于历史原因而由不同的材料制成？如果是这样，也许值得考虑将它们更改为相同的材料。
- 如果是出于对机械性能的要求而使用了不同的材料，那么需要考虑强度较高（较昂贵）的材料制成的零件是否可以用强度较弱（较便宜）的材料通过肋或空心截面进行加固制成？
- 如果是出于对热或化学特性的要求而使用了不同的材料，那么需要考虑由耐蚀性较低的材料制成的零件是否可以由耐蚀性较高的材料制成？
- 如果必须使用更昂贵的材料，那么需要考虑减少零件数量造成的材料成本增加是否合理呢？

5.3 紧固件数量

如果超过 1/3 的部件是紧固件，那么就应该对零件数量和组装逻辑提出质疑（图 5-2）。

然而，该示例也清楚地表明，零件合并准则并非绝对保证可以得到更好的产品。在某些情况下，出于组装的原因，由多个零件组装而成的左侧组件相较于右侧组件来说可能是更好的解决方案。同样，由于零件体积是决定 AM 零件成本的重要因素，因此，尽管劳动力和紧固件会造成额外成本，制造许多较小的零件并将它们组装在一起可能更具成本效益。

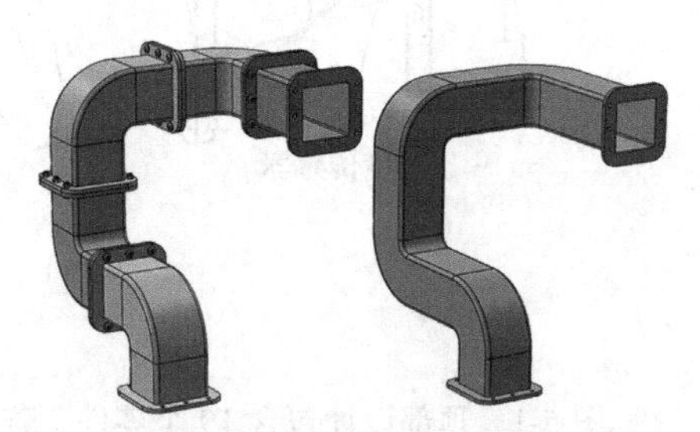

图 5-2 左侧的组件为了组装 5 个零件，采用了 48 个紧固件（如果使用了垫圈和锁紧垫圈，则紧固件数量可能会加倍）。右侧的设计取消了所有紧固件，并且避免了密封件之间泄漏的风险

5.4 使用传统 DFM/DFA 中的知识

大多数采用制造和装配规则的传统设计同样适用于增材制造。AM 只是使这些设计更容易实现，相较于采用传统的制造技术，采用 AM 技术使得这些设计的应

用更加广泛（图 5-3）。

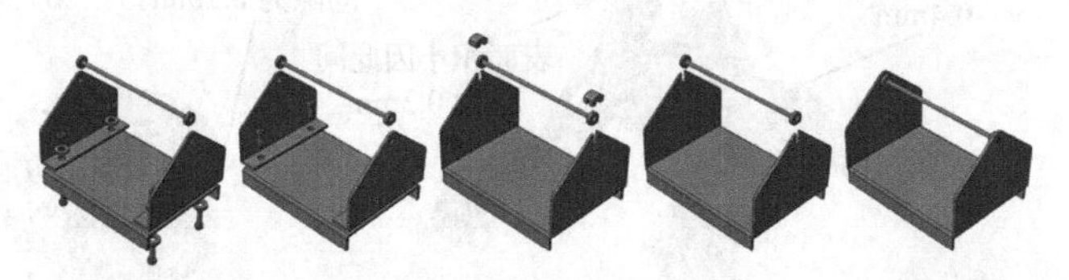

图 5-3　传统制造有四种不同的 DFM/DFA 策略，最后一个策略适用于 AM

同样，在上面的示例中，我们不能十分肯定地说一种设计比另一种更好或更差。设计的好坏完全取决于使用它们的场景。但是，我们需要不断地思考不同的装配方式和不同的结构选择，并分析它们的优缺点，这个思考过程有助于提高设计人员的设计能力。

5.5　组装注意事项

零件合并的一个危险在于，设计师会“走向极端”，设计出大量零件合并的产品，然而这些零件组装起来既困难又费时。

- 在传统制造中，为了方便装配，一个零件有时会细分为几个零件。
- 对于针对 AM 设计的合并零件，必须格外小心，以使得设计的产品可以进行装配。
- 为了便于后续装配，需要考虑是否可以在合并的零件中引入灵活性区域。

5.6　活动零件

AM 可以生产带有活动零件（主要是塑料）的组件，但是应该考虑它是否适合实际工程应用。

AM 工艺的精度相对较低，并且在活动零件之间需要较大的间隙。因此，AM 工艺无法制作一个正常运行的滚珠轴承（除非将其作为装饰物），但是可以制作一个精度要求相对较低的能正常运行的固定索具（图 5-4）。

- 活动零件之间的间隙大小取决于紧密接触的表面区域。本书的第 7、8 章将对此展开进一步的讨论。
- 表面积小的部位相较于表面积大的部位更容易实现活动零件的打印，并且在活动零件之间需要存在更小的间隙。

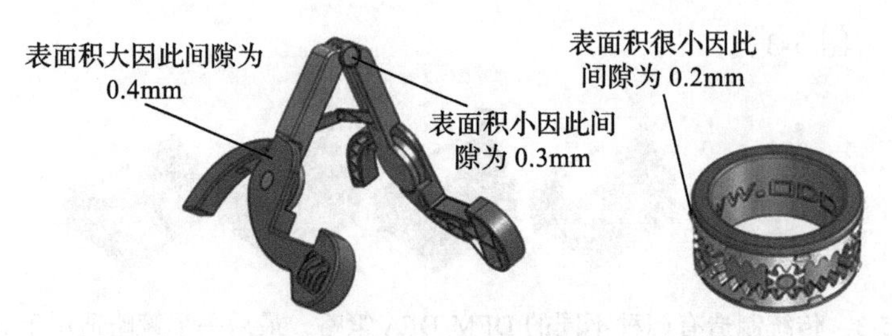

图 5-4　活动零件之间所需的间隙取决于表面积

在采用增材制造时，经常会出现这样的设计诱惑，活动零件的设计和制备仅仅是为了打印出一个具有活动零件的产品，而不是由于这个活动零件会产生新的价值。切忌仅仅是为了拥有它而创建活动装配。

5.7　常识

与所有工程一样，常识很重要。因此仅在合并零件能带来益处时才合并。而且，因为它如此重要，所以我们重复以上观点，即零件合并是一个思考过程，而不是一套绝对的设计准则。

零件合并也是一个证明所用材料是否合理的好方法。“为什么要使用这种特定材料？”仅仅是这个质疑过程也常常会使得产品中使用的材料数量减少。

Chapter6 第 6 章

增材制造工具设计准则

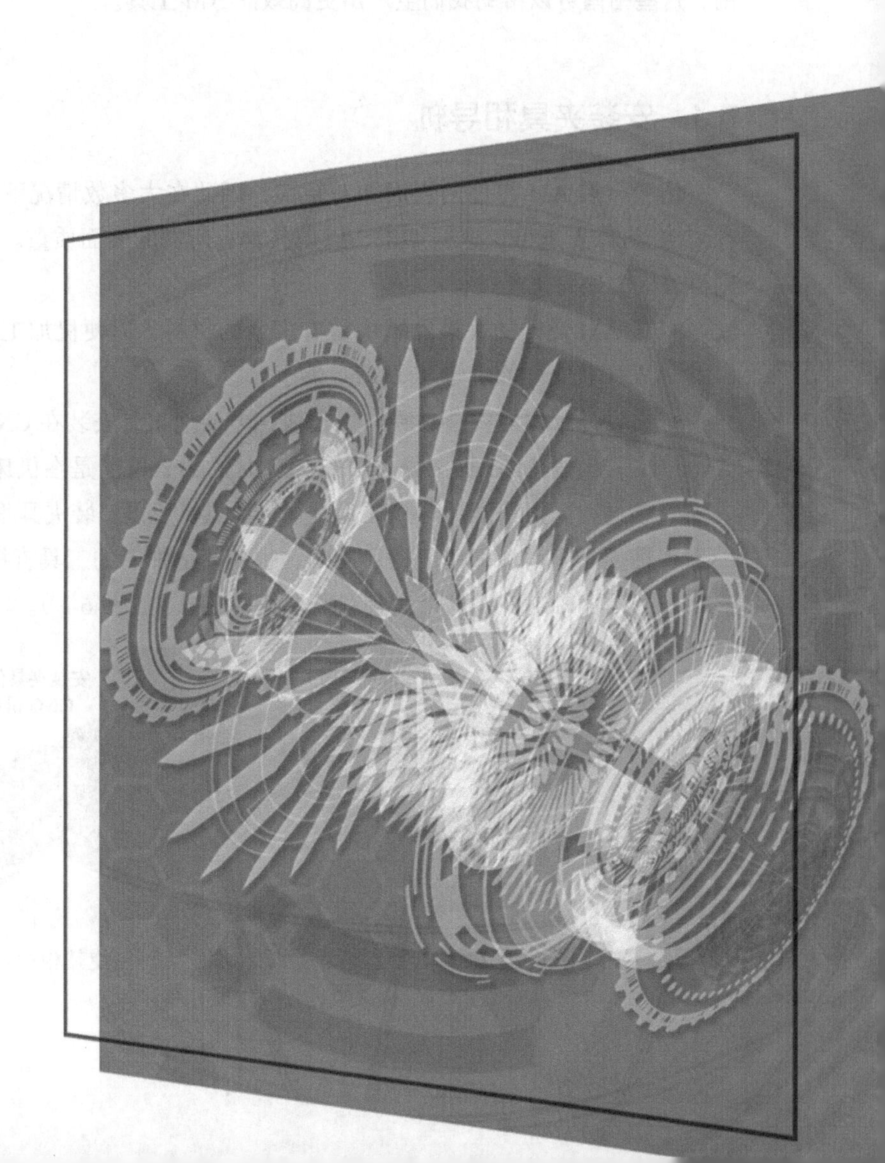

到目前为止，我们一直在讨论的是使用AM直接生产零件。然而，现在许多行业开始将AM作为制造工具的一种方式，这些工具通常用于制造注塑、铸造、挤压或钣金零件。这意味着最终零件与以前使用常规工具制作的零件完全相同，不同之处仅体现在工具本身是使用AM生产的。这使得工程师相对容易接受这项技术，因为AM生产出来的零件与他们以前使用的零件相同（或更好）。

在许多情况下，AM可以在几周内生产出工具，而常规的工具制造过程需要几个月。由于AM具有所谓的“不受复杂性限制”优势，因此与传统工具相比，采用AM制造的工具进行零件生产的效率更高，质量更好。本章介绍了一些设计指南，这些指南可以帮助我们生产出更高效的AM工具。

6.1 安装夹具和导轨

由于金属AM零件的表面相对粗糙，因此在大多数情况下，制造的工具需要在CNC机床上进行快速精加工，以使其具有所需的表面质量。以下这些简单的准则可以极大地简化此过程：

- 在AM设计的关键区域中留有多余的材料，以便机加工时将其去掉。通常添加0.5mm的加工余量就足够了。
- 在设计中内置安装夹具，以便快速方便地将其安装在CNC机床中进行精加工。因为CNC加工操作中最耗工时的部分可能是在机床上摆放AM零件，该过程需要精准计时并准确设置其原点，所以安装夹具很重要。
- 即便只是增加简单的槽形夹具，也能使待加工的工具直接嵌入CNC机床并且沿两轴对齐，这个过程只需要花费几分钟（图6-1）。

图6-1 在零件上增加简易安装/固定点可以使其相对容易地在CNC机床中进行操作设置和计时

6.2 随形冷却

零件冷却是生产高质量注塑零件过程的重要组成部分，但该过程有时会占用 50% ～ 80% 的生产周期。通过在注塑模具中增加随形冷却流道可以大大提高其运行效率，改善零件质量并延长模具寿命。

随形的冷却流道是弯曲的流道，让冷却剂更高效地到达需要冷却的部位。常规工具通过钻一些直孔（其中一些孔道可能会相互交叉）形成冷却剂可流经的冷却流道。增材制造可以制造出紧贴着待成型零件轮廓的复杂弯曲流道（通常称为随形冷却流道），这些流道可以精确地在需要的地方进行冷却（图 6-2）。

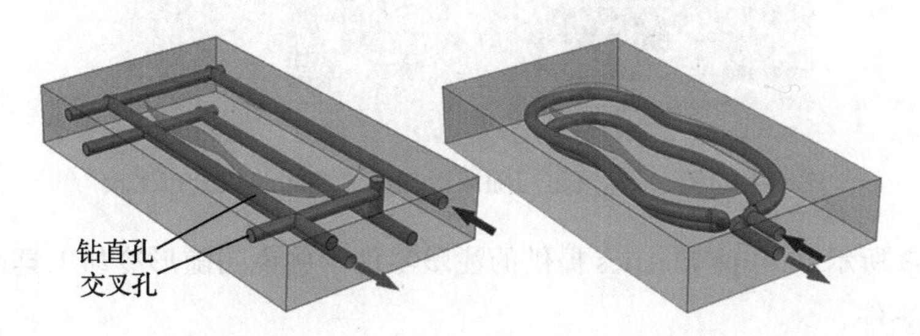

图 6-2　与常规钻孔技术相比，随形冷却提供了更为复杂的冷却流道

不采用工程仿真或分析的随形冷却流道通常可以将生产周期缩短约 10%，经过工程仿真和分析的随形冷却流道通常可以将生产周期缩短 20% ～ 40%。生产周期的显著减少意味着利润的大幅增加。

下面将通过示例介绍如何使用随形冷却缩短生产周期。该零件是由 Phillips Plastics（现为 Phillips Medisize）制造的注射成型部件。使用常规注射模具的制造工具时，单腔模具的生产周期为 16.78s。相比之下，使用带随形冷却的四腔 AM 工具的生产周期为 13.02s，其生产周期缩短了 22.4%（图 6-3）。

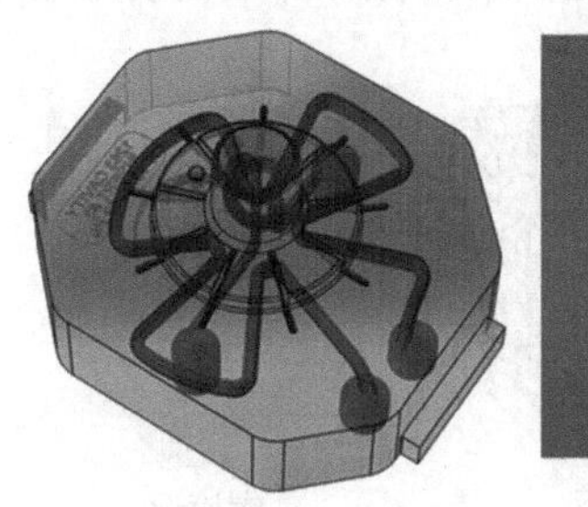

图 6-3　注塑成型零件和随形冷却模具（由 Phillips Plastics 提供）

当塑料均匀冷却时，内部应力将降至最低。这样就可以生产出质量更高的零件，且不会出现翘曲或缩痕。随形冷却流道提供了更严格的冷却控制，可以精确地控制塑料在模具中的固化方式，从而最大限度地减小零件的变形和收缩（图 6-4）。

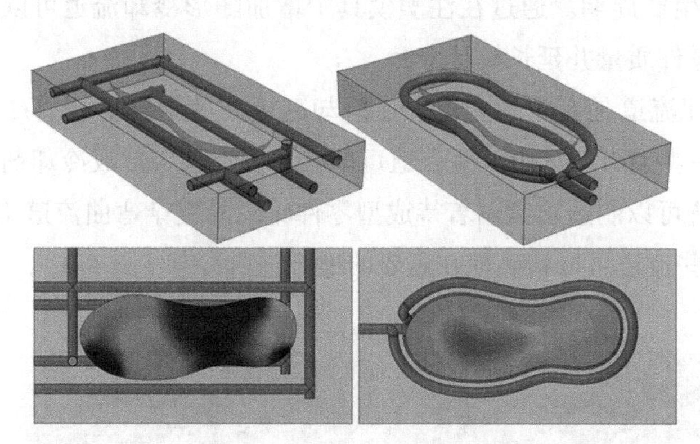

图 6-4　传统冷却流道与随形冷却流道之间的热分布比较

图 6-3 所示 Phillips Plastics 提供的注塑零件示例说明随形冷却工具可以生产出更好的零件。

用传统工具制造的零件的平面度偏差小于 0.25mm，实际生产出的零件的平面度偏差在 0.15 ～ 0.223mm 之间。

相比之下，使用带有随形冷却的 AM 工具制造的零件的平面度偏差小于 0.2mm，实际生产出的零件的平面度偏差在 0.080 ～ 0.161mm 之间。这表示可量化的零件特征改进了 20%。

6.3 冷却剂流动策略

在设计随形冷却流道时，首先需要确定使用哪种冷却剂流动策略（图 6-5）：

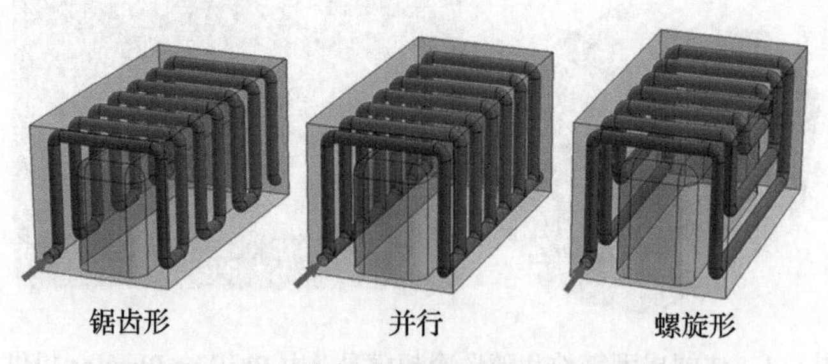

图 6-5　随形冷却可以采用的冷却策略类型

- 锯齿形流道也称为串联冷却流道，该部分区域一个接一个地冷却，而不是同时冷却。除非零件足够小以至于延迟可以忽略不计，否则通常不建议采用串联冷却方式。
- 并行流道设计可以同时冷却模具的不同区域。这种冷却方法的主要缺点是需要大量的冷却剂。
- 螺旋形随形冷却流道设计通常用于具有曲线或球面元素的零件。

在复杂的工具上，有时可以联合使用多种冷却策略。例如，其中工具中一部分使用锯齿形冷却策略，而其余部分则采用并行冷却策略。

6.4　冷却流道形状

冷却流道的形状既影响 AM 系统有效生产冷却流道的能力，也影响它们的冷却效率。

根据经验，冷却流道的最佳直径通常在 4 ～ 12mm 之间（取决于产品的设计），但其直径的选择还取决于所使用的 AM 系统。例如，如果圆形水平流道的直径大于 8mm，则需要考虑在流道内部添加支撑。最常见的流道形状通常为圆形，但有时也使用竖直的椭圆形孔、房屋形或水滴形的流道。

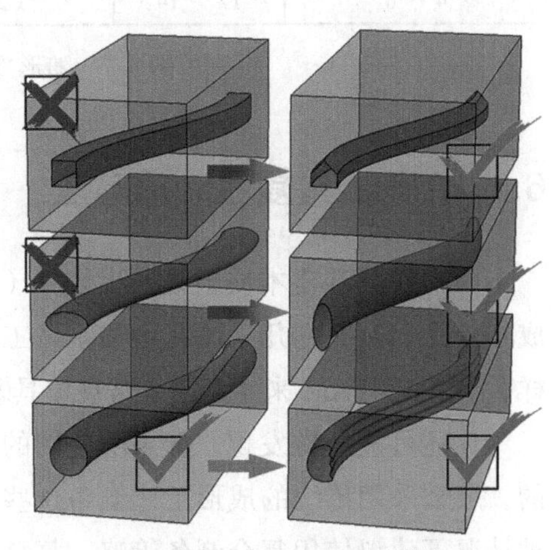

图 6-6　流道形状会影响制备的难易程度以及冷却效率

由于增加流道中的湍流（提高雷诺数）可以达到更好的冷却效果，有时也可以通过对流道的形状加筋来提高冷却性能（图 6-6）。

根据作者的个人经验，由于圆形节点的截面比非圆形节点的截面更容易控制，因此圆形流道是最便于 CAD 制图的（尤其对于并行冷却策略）。绝大多数冷却流道通常是直径为 4 ～ 8mm 的圆形流道。

6.5 冷却流道间距

以下内容将为指导设计冷却流道间距提供一个很好的起点（图 6-7）。

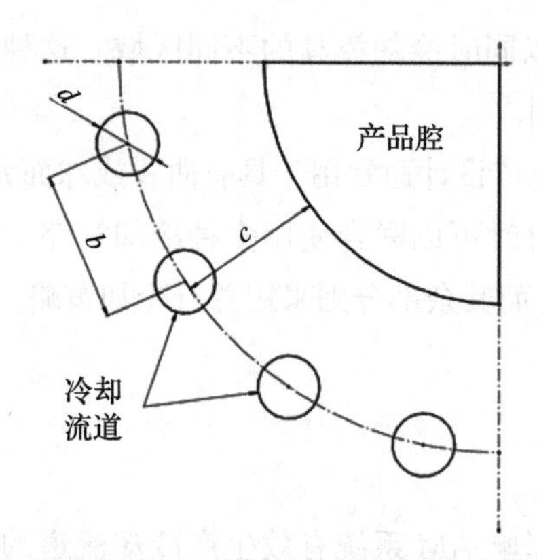

模压产品壁厚 /mm	孔径 d/mm	流道之间的中心距离 b	流道中心至产品腔边缘的距离 c
0 ～ 2	4 ～ 8	（2 ～ 3）d	（1.5 ～ 2）d
2 ～ 4	8 ～ 12	（2 ～ 3）d	（1.5 ～ 2）d
4 ～ 6	12 ～ 14	（2 ～ 3）d	（1.5 ～ 2）d

图 6-7　随形冷却流道间距准则

6.6 AM 工具复合制备方法

因为模具基座本质上是一大块钢（参考 3.5 节），所以生产起来非常费时而且成本较高，然而它几乎没有增加整体工具的价值。因此像大多数常规工具设计一样，最好仅用 AM 来生产插入常规模具基座的工具。

你还可能经常发现，如果所使用的工具大部分是由相对简单的几何结构组成的，那么采用传统的成形工艺制备这些简单几何结构的部分将会更有效率。在这种情况下建议使用复合制备策略。复合制备策略是指采用传统成形工艺制备组件的一部分，然后将该部分作为构建平台，AM 系统就可以在传统成形工艺制备好的这部分组件的上部直接打印 AM 部分。

例如，在加工的过程中，可能需要将工具分为复杂组件（适用于 AM 制造）和简单组件（适用于常规方法制造）。将简单零件安装到 AM 系统中，再将工具的复杂零件直接构建到简单零件上（图 6-8）。

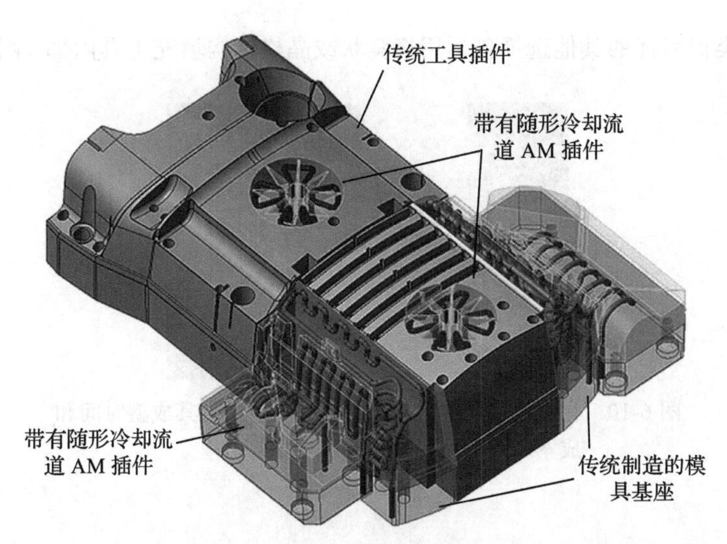

图 6-8 一种复合加工方法，其中复杂零件直接构建到机加工的简单零件上（由 Renishaw 提供）

6.7 缩短工具成型时间

正如 3.5 节所讨论的那样，用 AM 制备大量材料费时且成本较高。需要采用大量材料制备的一个典型应用就是工具的制备，工具中大部分是几乎没有任何作用的金属。而这些看似无意义的金属的存在是因为在 CNC 加工时，需要将加工过程中的切削量降至最低。而通过 AM 可以制造出重量更轻、金属壁厚更均匀、耗时更少且成本低的工具。

以采用了随形冷却的鞋垫制备工具为例，我们可以看到该工具绝大部分是实体钢块。这个工具可以重新设计以减少所用的材料吗？当然，能否做到这一点取决于许多因素，如工具所承受的压力等。但是，在许多应用领域，10 ～ 20mm 的壁厚对留有足够的材料用于随形冷却流道来讲绰绰有余（图 6-9）。

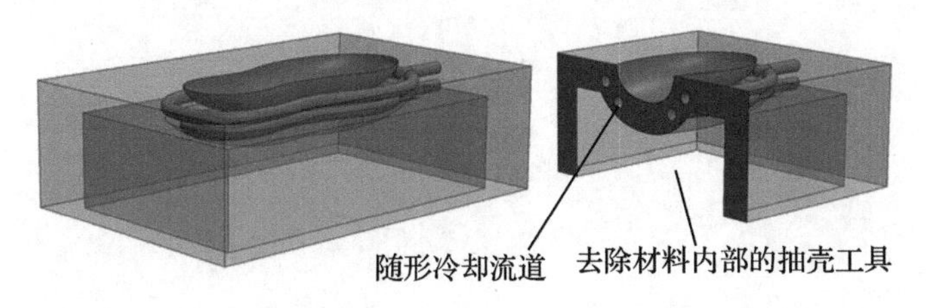

图 6-9 通过内部抽壳来改善工具的成型时间和成本的示例

实现类似目标的其他选择包括用蜂窝状或晶格结构填充工具内部（图 6-10）。

图 6-10　在钣金模具中采用蜂窝结构，以减少其成型时间和成本（由 3D MetPrint AB 提供）

Chapter7 第 7 章

面向聚合物的增材制造设计

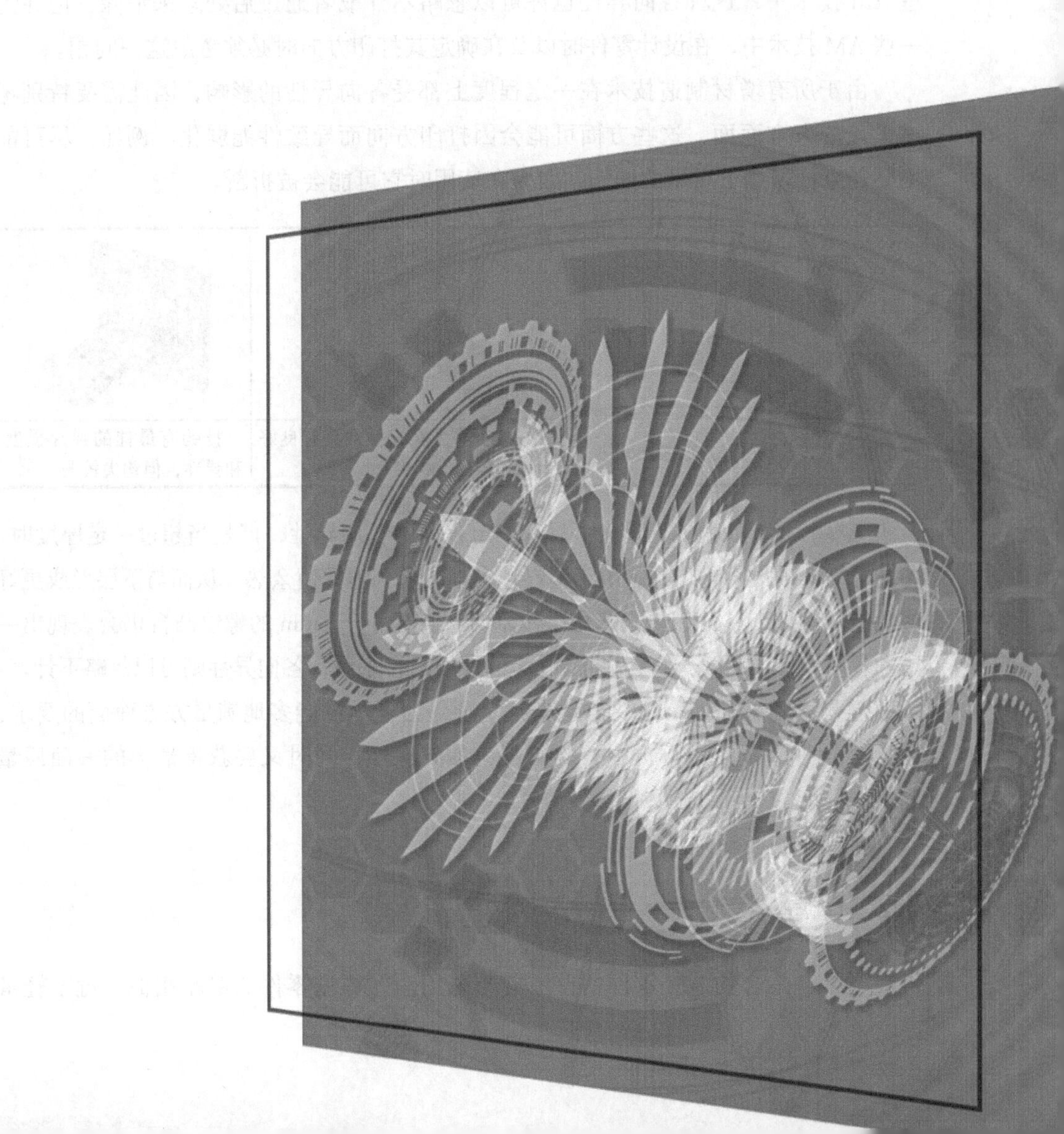

本章中的设计准则几乎适用于所有聚合物 AM 技术。某些技术具有仅适用于该技术的特定准则，有关特定 AM 工艺的设计准则的章节对此进行了讨论。

7.1　各向异性

各向异性是用于描述零件性能的术语，是指零件的机械性能不是在所有方向上都相同。对于所有增材制造技术，在竖直方向上，各层之间始终存在一定量的各向异性。这是因为层间的黏结机械强度可能比层内本体的机械强度稍弱。在某些 AM 技术中，这种各向异性也许可以忽略不计或者通过后处理来消除；但在另一些 AM 技术中，在设计零件时以及在确定其打印方向时必须考虑这一问题。

由于所有增材制造技术在一定程度上都受各向异性的影响，因此需要特别考虑设计的方方面面，这些方面可能会因打印方向而导致性能弱化。例如，尽可能不要竖直打印如下所示的挂钩，因为在使用时它可能会被折断。

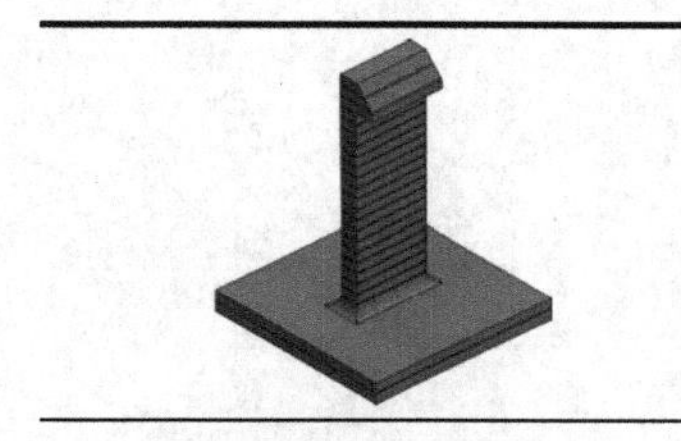	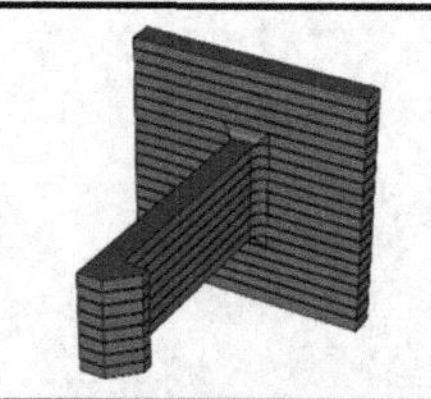	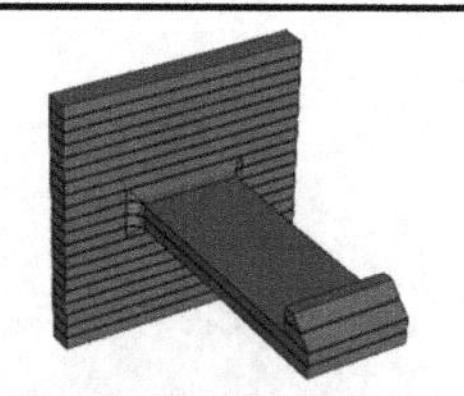
挂钩很弱，几乎可以肯定它会断裂	良好的折中方案，挂钩具有良好的弹片和牢固的钩尖	挂钩有最佳的弹片强度和弹性，但钩尖较弱

某些技术（如粉末床熔融）具有一定程度的各向异性，但是当超过一定厚度时，各向异性会被最小化。这是由于塑料越多越能长久地保留余热，从而与下层形成更好的黏结。例如，在使用粉末床熔融技术时，直径小于 6mm 的螺纹凸台仍会表现出一定的各向异性，而对于直径大于 6mm 的螺纹凸台来说，各向异性则可以忽略不计。

但是，随着几何特征变得越来越复杂，为了尽可能多地满足方方面面的要求，通常会对打印方向进行折中，既要避免各向异性，同时又要获得最佳的表面质量和机械性能。

7.2　壁厚

通常，聚合物 AM 零件的壁厚应与采用注射成型零件的壁厚相似。对于轻量型的消费产品，其壁厚范围应为 0.6 ～ 2.5mm，对于更多工业用途的高负荷工业产品，其壁厚范围应为 3 ～ 5mm。尽管可以制造更薄的壁厚，但能否成功打印取决于壁的表面积以及无支撑部分的宽高比。

大面积平坦的薄壁很难做到不失真地打印而且根据所使用的 AM 技术，薄壁可能会分层开裂。如果无法将壁做得较厚，则避免此问题的一种简单方法是使用肋板来加固壁面。

与传统注射成型一样，通常的经验法则是在整个零件中使用均匀的壁厚，因为不均匀的壁厚会导致零件变形。尤其是与注射成型相比，AM 允许的设计自由度使得在整个零件中获得均匀的壁厚这件事变得容易许多。但是这并不意味着不允许有不均匀的壁厚，只要有一个充分的工程学或功能性上的理由就可以设计不均匀的壁厚。

在某些情况下，调整零件打印方向可以防止大尺寸平坦壁面的翘曲。在下面的简单方形盒零件示例中，如果零件在水平位置打印，将会有一大片的聚合物薄“片”熔化，并可能会趋于卷曲并引起翘曲，甚至可能导致死机。相比之下，以较小的角度（通常大于 10°）打印零件，可以避免出现较大的平坦区域，并可以大幅降低变形的风险（图 7-1）。

图 7-1　以一定角度打印较大的平坦表面可以减少任一切片中熔化的表面积，从而降低变形的风险

但是，与所有 AM 准则一样，这也是一个折中方案，因为以一定角度打印零件可能会导致其表面质量比平直方向打印零件时差。

有关每种特定 AM 技术的建议壁厚，请参考本书中有关特定 AM 工艺的设计准则部分。

7.3　悬垂结构和支撑材料

使用聚合物 AM 技术，几乎所有技术（除了粉末床熔融技术和某些黏结剂喷射技术）打印零件时都需要支撑材料来支撑所有的悬垂特征。支撑材料是一种牺牲材料，在打印过程中用于实现所有的悬垂特征，在零件完成打印后被去除，因为悬垂结构无法在没有材料塌陷的情况下被悬空打印（图 7-2）。

大多数 AM 系统允许选择临界角度来加支撑材料。必要的试错过程可以确定最佳角度，以满足在获得最佳质量零件的同时使支撑材料的使用量最少。

3D 打印软件中通常有一个支撑“角度”选项，该选项可确定零件需要支撑材料的临界角。一些打印机以竖直方向为基准来测量该角度，而另一些打印机以水平方向为基准测量该角度。因此，重要的是要知道每个特定的打印机如何进行角度测量（图 7-3）。

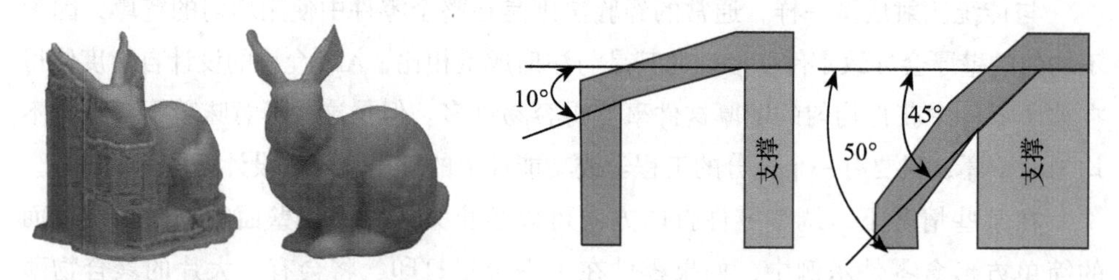

图 7-2　可以打印突出特征的支撑材料　　图 7-3　设置支撑材料的使用角度

选择要打印零件的方向以优化支撑材料的使用，但在这样做时要牢记各向异性，虽然某种打印方向可能会使用较少的支撑材料，但同时可能会降低零件在某些不恰当区域的性能。

例如，对于下面的零件，如果朝上打印，则使用的支撑材料很少，而如果朝下打印，则内部将充满材料，这需要在打印零件后由人工进行去除，这样做也很浪费材料。同样要记住，从零件的外部去除材料总是比从内部去除材料要容易。通常，与支撑材料接触表面的表面质量比面朝上的表面差，因此需要经过额外的后处理才能使其变得光滑（图 7-4）。

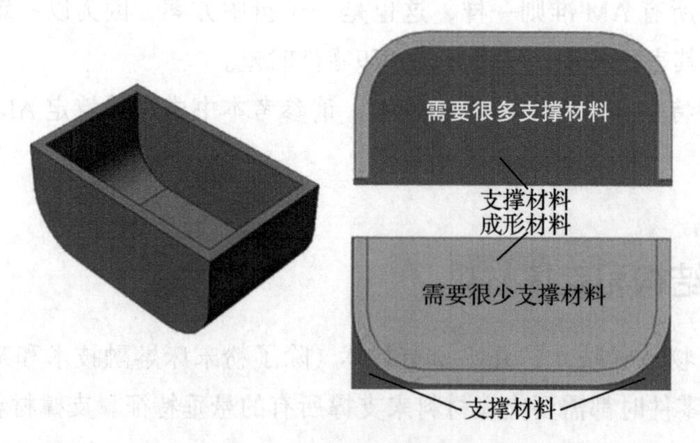

图 7-4　支撑材料与打印方向

一些 AM 软件还允许指定哪些表面是不需要支撑材料的。这样做的好处是节省了材料，并稍微缩短了打印时间。此外，这种方法还可以减少需要从孔中去除的支撑材料。但这样做的风险是，如果表面过大，则悬垂的顶面上可能会出现一些材料下垂的现象（图 7-5）。

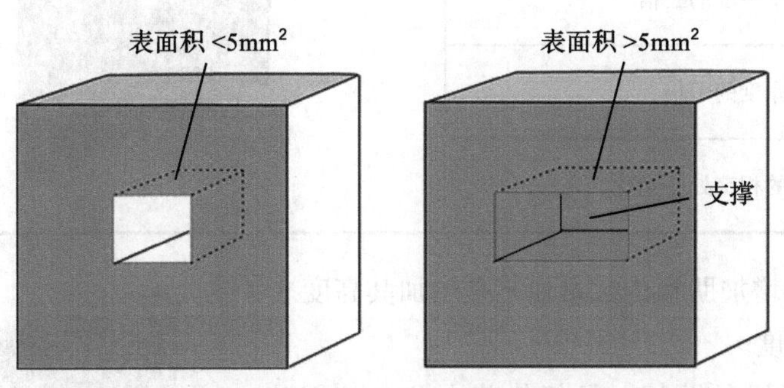

图 7-5　设置不需要支撑材料的表面

7.4　孔

使用 AM 技术，打印方向将在很大程度上影响孔的圆度。为了获得尽可能圆的孔，最好总是在竖直方向上打印孔。在水平位置打印的孔不但受阶梯效应的影响，而且受下垂的影响，这可能使孔略呈椭圆形。

孔的尺寸通常会稍微偏小，但是可以通过将 CAD 中孔的尺寸调大约 0.1mm（但要对每台特定的打印机进行测试，因为每台打印机都会有细微差异）轻松地补偿误差，或者在打印后以钻孔的方式使其达到精确的所需尺寸。

可以实现的最小孔径在很大程度上取决于孔要通过的材料厚度。有关此现象的直观说明，请参见 AM 设计规则 1 中图 3-3 的说明。然而，通常对于大多数约 2mm 厚的壁面而言，可以实现 0.5mm 直径的孔。

7.5　肋板

大多数聚合物 AM 材料比注射成型材料的刚性稍差。这意味着较大的表面和壁可能比较容易弯曲，有时在打印过程或冷却过程中可能会出现一些变形。使壁刚度更强同时将变形风险最小化的最简单方法是设计带有肋板的零件，以加固较大的薄层区域。

将肋板添加到3D打印的聚合物零件中的一般准则如下：

肋板厚度：壁厚的75%	
肋板高度：小于厚度的三倍	
肋间距：大于厚度的两倍	
始终将肋与壁的相交处圆角化	

最好通过增加肋板的数量而不是增加其高度来达到给定的刚度。

对于非常厚的肋板，最好将其去芯，以免引入大量材料，大量材料可能导致其变形，并且提高打印成本。其他选择包括将肋板去芯至均匀的壁厚（使其空心化）以及打印填充支撑材料或晶格结构（图7-6）。

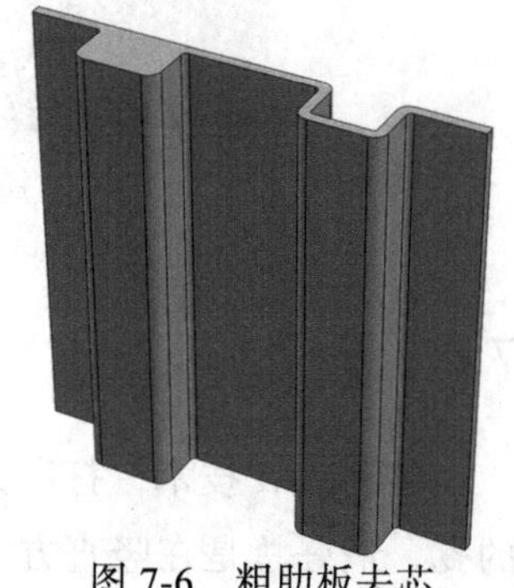

图7-6　粗肋板去芯

7.6　避免冗余的材料

在传统的减材制造中，我们努力使机器尽可能地减少切削操作，因为去除材料会费时且提高成本，所以在设计中，应尽量保留不影响零件功能的材料。但是，使用AM则相反。冗余的材料越多，AM系统要做的工作就越多，零件制作的时间就越长，成本也就越高。有关此内容的更多详细信息，请参阅3.5节。

大量的冗余材料也会对零件产生不利影响，因为它们可能导致零件在冷却时产生变形和翘曲。

因此，在设计AM零件时，重要的是避免使用大量没有功能性的材料，因为这会减慢生产时间、增加零件重量并可能导致零件变形。最简单的处理方法，也正如在3.5节中所描述的，是对零件的厚实部分进行“抽壳”，这样可以最小化打印的时间和成本。但是还需要判断是否会将多余的材料（如未烧结的粉末、液态光敏树脂或支撑材料等）留在壳体部件内，还是设计出溢粉孔以使多余的材料可以从中去除。要去除内部支撑材料，可能需要更大的孔（图7-7）。

图 7-7　带有溢粉孔的抽壳零件，可以去除零件上的厚实部分，并且可以去除零件内的材料

7.7　小细节和字体大小

7.7.1　小细节

小细节的最小尺寸是否仍然可见取决于打印机的分辨率。当细节尺寸小于最小尺寸时，打印机可能无法精确地复制它们。

太小的细节也可能在抛光或打磨过程中被平滑处理掉。为确保其细节清晰可见，请使其细节尺寸大于打印机指定的最小值。

通常，对于大多数聚合物 AM 技术，可见的细节低至约 0.5mm（尽管在某些情况下，它们可以小至 0.2mm × 0.2mm（高 × 宽）），但这必须针对每种打印机型号进行测试。同样，接触支撑材料的表面可能无法具有像无须支撑的表面那样精细的细节。

7.7.2　字体大小

对于许多 AM 技术，与直觉相反，在零件的侧面能打印出最小的清晰字体。相对较小的字体可以添加到零件的竖直侧面，但是在顶面上的效果则相对较差。

字体和其他小细节可以凹入零件的壁中（凹压印），也可以从零件的壁中凸出（凸压印）。通常，由于以下两个原因，最好将它们凹入零件的壁中：首先，这可以减少零件上的一部分材料，同时意味着打印时间会略微减少；其次，它可以减少字体或细节被后处理打磨掉的风险。但是，如果需要，使用浮雕字体也没有问题，只是可能需要在零件的后处理过程中格外小心。

通常，在所有表面上均可用的字体大小为 14pt，并且至少为 0.4mm 深。在竖直表面上，字体大小可以低至约 8pt（图 7-8）。

图 7-8　聚合物 AM 表面的最佳字体大小

第 8 章 Chapter8

聚合物设计准则

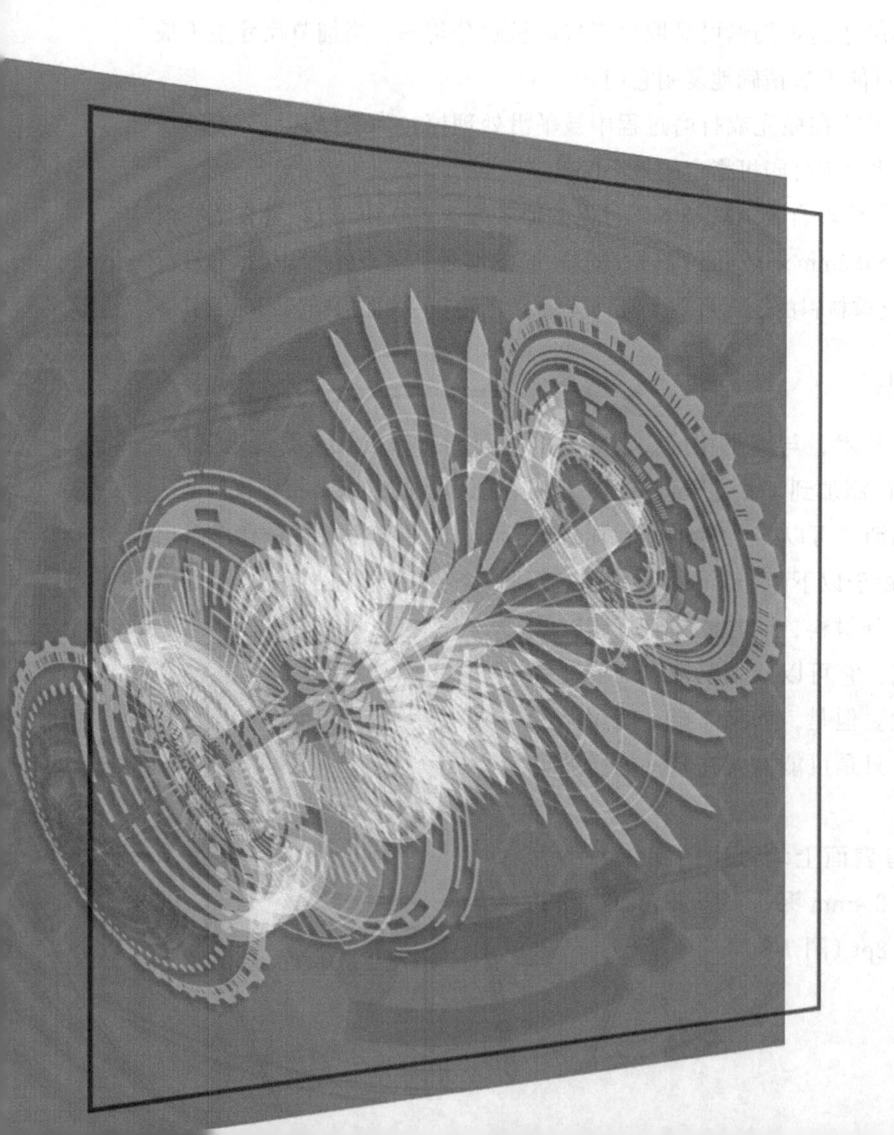

8.1　材料挤出设计

材料挤出（也称为熔融沉积成型或 FDM）是一种 AM 工艺，其中材料通过像热胶枪一样的喷嘴选择性地堆积。所使用的材料通常是热塑性聚合物，并且所构建的零件通常需要支撑结构来实现有悬垂特征的结构。一些系统使用与打印材料同质的支撑材料，另一些系统则使用异质的第二种材料作为支撑材料，该支撑材料比较容易通过机械方法去除，还有些支撑材料可以通过将其溶解的方式去除。

8.1.1　材料挤出的精度和公差

不同材料挤出系统之间精度和公差的差异很大。精度和公差还会因为几何特征和打印方向而变化。要想得知任何特定系统的精度和公差，只能是去打印参考件并对其进行测量。

- 精度是零件与 CAD 模型数据的接近程度。
- 公差是可接受的数值变化程度。

以下给出的数值适用于工业型的材料挤出系统，这些数值代表了材料挤出技术的一般公差和精度。

层厚	0.1 ～ 0.3mm
精度	每 25mm ± 0.1mm 或 ± 0.03mm，以较大者为准
公差	材料挤出的实际经验法则：通常为 0.25mm
最小的特征尺寸	约 1mm

8.1.2　层厚

用材料挤出方式打印零件时必须做出的第一个选择是使用多少层厚。通常，层越薄，表面质量越好，尤其是在圆形零件上，因为阶梯效应将变得非常不明显。然而，层越薄，零件打印所花费的时间就越长。相比于 0.3mm 的层厚，0.1mm 的层厚将花费其三倍长的时间来打印。

如果零件主要由直上直下的平整结构组成，则以较厚的层厚进行打印时，相比于较薄的层厚，其表面质量不会明显变差，但打印速度会快得多。如果零件由许多曲面构成，则应该优选较薄的层厚，以获得尽可能平滑的曲面。

8.1.3 支撑材料

用材料挤出方式打印零件时必须做出的另一个选择是使用哪种支撑材料类型。几乎每种材料挤出打印机制造商都为此提供了不同的选项。图 8-1 所示为一些常见的支撑材料类型。

此外，某些系统还提供了一些更巧妙的支撑结构的选择，如图 8-2 所示。

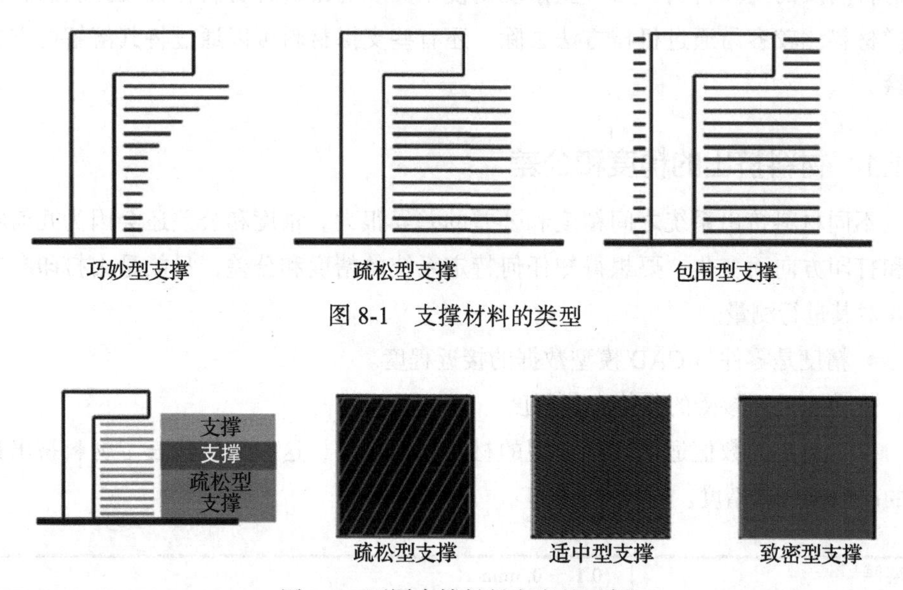

图 8-1 支撑材料的类型

图 8-2 不同支撑材料密度的示例

如果支撑需要通过手工方式去除，而不是将其溶解，则设计者应允许操作时能够得着支撑。另外，在构建细小结构而其位置又正好靠近支撑时应该小心，因为在去除支撑时有可能会意外地破坏细小结构。

8.1.4 填充方式

大多数材料挤出方式允许用户决定是否将零件打印为实体零件，或是内部有网格结构填充的“疏松”零件。一些系统还允许用户指定外轮廓的壁厚。系统通常还允许用户选择填充百分比，即网格结构填充的致密度多高。填充百分比为 0 表示完全中空（因此这是让 3D 打印机软件自动抽壳的方式），而 100% 则表示完全为实心材料。当填充率高于 50% 后，其对机械强度的影响出现效果边际递减（即变化率越来越小）(图 8-3)。

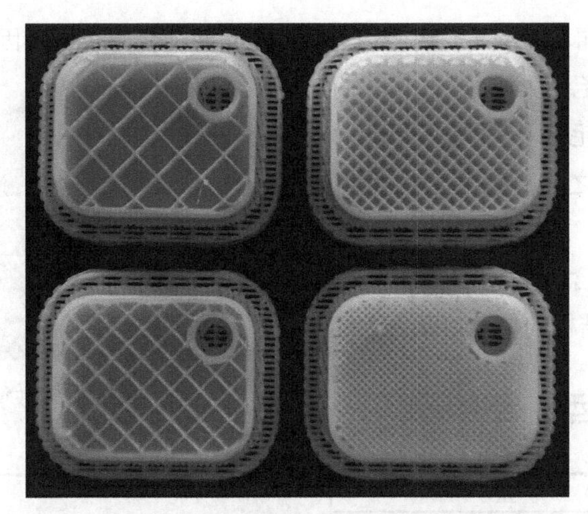

图 8-3　不同内部填充选项的示例

使用聚合物材料挤出制成的零件通常具有各向异性的材料特性，即零件在 *Z* 方向上的材料特性比在 *X* 和 *Y* 方向上要弱。设计者必须考虑这一点，要么对设计的材料性能指标降低要求，要么确保高负载的特征方向在水平方向而非竖直方向。这需要（设计师）与 AM 工艺操作人员密切合作。

8.1.5　其他考虑

此工艺的另一个特性是零件表面上显著的“阶梯”效应。一般可以通过各种后处理技术（例如，使用丙酮蒸汽室处理 ABS 打印的零件）来减小这种效应，但这会影响零件的尺寸精度，有时还会影响材料的性能。有关各种抛光方式的详细信息，请参见第 12 章。

在一定的壁厚下，材料挤出 AM 会在沉积的线材之间留下小间隙。由于软件在某些时候必须判断是否需要在壁上沉积多余的线材，因此会造成以上现象。例如，如果从打印机喷嘴出来的聚合物线材为 0.4mm 宽，但壁厚为 0.9mm，则软件必须判断在两个 0.4mm 路径之间是否挤出了多余的聚合物线材。这取决于机器的品牌和型号，因此建议进行一些测试并找出对于该特定型号的机器不能实现的少数几种壁厚值。

用材料挤出方式生产的零件，其孔径尺寸通常会偏小。要获得严格的公差，可将已有的孔钻孔或扩孔至准确的直径，或者在 CAD 上以 0.2mm 的量来补偿直径。

由于轮廓线和填充线（或内腔填充线）之间的结合力较弱，因此自攻螺钉有时会剥离开螺纹凸台内的轮廓材料。用一滴强力胶通过毛细作用浸润于轮廓材料和填充材料之间有助于解决此问题（图 8-4）。

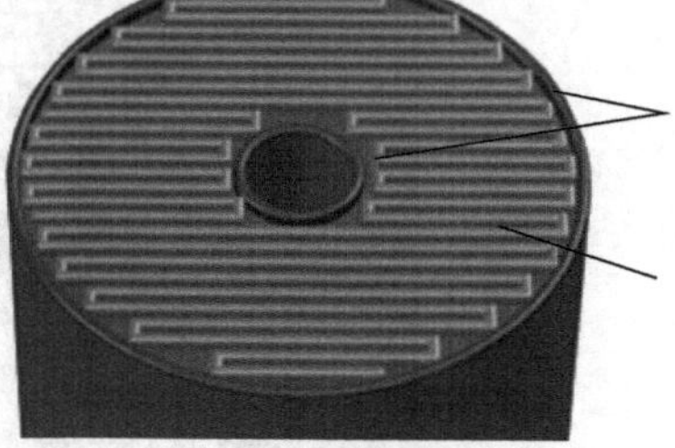

以下几页包含有关如何为材料挤出过程设计特征结构的信息。

轮廓线
填充线

图 8-4 轮廓线和填充线之间的连接

8.1.6 特征类型：竖直壁厚

工艺参数	壁厚 t	
层厚	最小值	推荐最小值
0.18mm	0.36mm	0.72mm
0.25mm	0.50mm	1.00mm
0.33mm	0.66mm	1.32mm

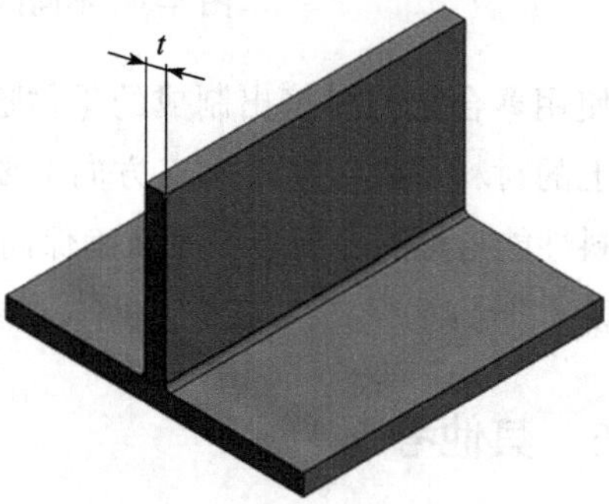

t

解释：

延伸较长的无支撑壁（即无肋板或相交壁结构）可能会发生翘曲。在这种情况下，请避免使用最小壁厚值。

始终对打印机进行测试，以找出那些会在内壁和外壁之间留下小间隙的特定壁厚情况。

避免急剧截面变化。推荐在壁连接处做圆角处理。

通常，建议所有壁都使用均一壁厚，包括竖直和水平方向。

8.1.7 特征类型：水平壁面

在使用材料挤出技术时，水平壁面理论上可以做到和单层材料一样薄。但实际上，要生产具有一定强度和一致性的水平壁面，建议至少使用四层材料。

同样，最好的做法是让产品所有的壁都保持相同的厚度。

8.1.8　特征类型：支撑材料悬垂角

最大悬垂角 α	
45° 这是一个安全的默认参数值。但是，不同的打印机品牌之间的角度差异很大，并且该值取决于所需的表面质量	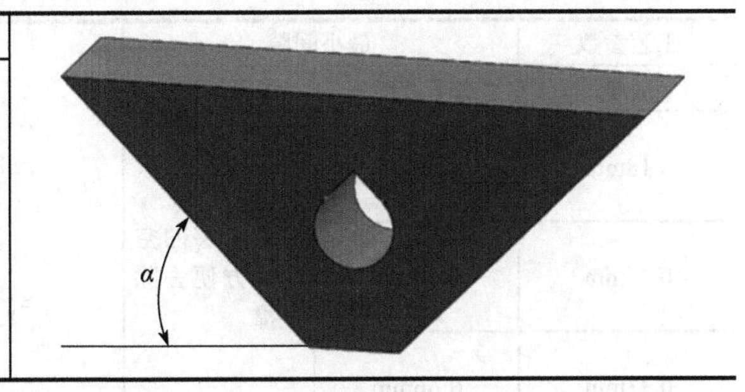

解释：

小于 45° 的悬垂角（从水平方向测量）需要支撑材料，支撑通常由系统软件自动添加。需要注意的是，一些系统是从水平方向测量支撑角的，而另一些系统是从竖直方向测量的。

需要人工操作拆除的支撑过多会增加后处理时间。可溶性支撑结构所需的人工操作少得多，但仍然会浪费材料。

通常可以将水平孔（如冷却通道轮廓）修改为泪滴形或椭圆形，以最大限度地减少对那些难以移除的内部支撑的需求。

8.1.9　特征类型：带有可溶性支撑的活动零件之间的间隙

工艺参数	最小间隙	
层厚	水平方向 h	竖直方向 v
0.18mm	0.36mm	0.18mm
0.25mm	0.50mm	0.25mm
0.33mm	0.66mm	0.33mm

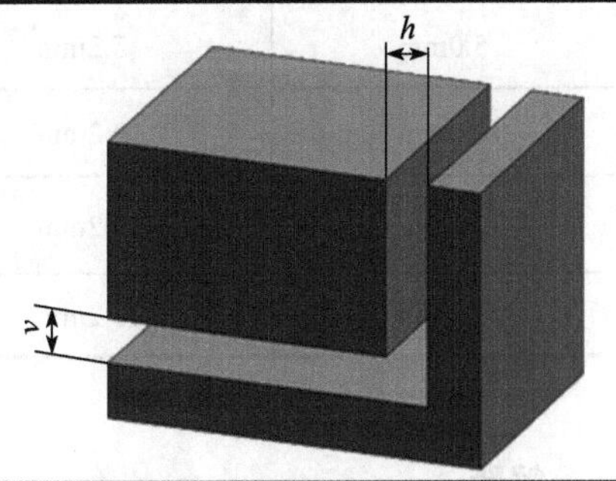

解释：

紧邻的大面积区域会降低去除支撑材料的效率。单独制造和随后组装的零件之间的间隙必须至少等于系统通用的制造公差。

8.1.10 特征类型：带有可去除支撑材料的活动零件之间的间隙

工艺参数	最小间隙	
层厚	水平方向 h	竖直方向 v
0.18mm	0.36mm	有足够的空间，方便去除支撑
0.25mm	0.50mm	
0.33mm	0.66mm	

解释：

在没有可溶性支撑的打印机上打印活动零件的主要挑战在于，难以从活动零件之间去除支撑材料。

紧邻的大面积区域会降低去除支撑材料的效率。单独制造和随后组装的零件之间的间隙必须至少等于系统通用的制造公差。

8.1.11 特征类型：竖直圆孔

所需直径 d	CAD 模型直径
5.0mm	5.2mm
10.0mm	10.2mm
15.0mm	15.2mm
20.0mm	20.2mm

解释：

孔的尺寸通常会收缩，在直径上通常会缩小大约 0.2mm（注意：此值需要针对所使用的每种机器 / 材料组合进行验证）。可以根据上述数值来调整 CAD 模型，从而近似地补偿修正，或者是在制造零件之后再次钻孔以达到更精确地修正。

如果使用的是自攻螺钉，则螺孔周围圆柱范围内的轮廓材料有时候会被螺钉剥离开。在轮廓和填充材料之间滴一滴强力胶可以解决此问题。

8.1.12　特征类型：圆柱销

竖直销的最小直径 v	水平销的最小直径 h	
2.0mm	2.0mm	ϕh　ϕv

解释：

如果仅靠一端支撑，则直径小的销钉（特别是竖直方向的销钉）容易折断。

始终在销钉与墙连接的地方倒圆角，甚至 0.5mm 的圆角也足以显著加强销钉。

8.1.13　特征类型：内置螺纹

最小螺纹直径 d	“止端螺纹”最短导入线 l	
5.0mm	1.0mm	d　l

解释：

在螺纹的根部和顶部使用圆角。对于孔内和立柱上的小螺纹，建议使用攻螺纹。

在螺纹凸台与墙面相接的位置上做出倒角，以避免应力集中。一般准则是，以壁厚的 1/4 作为倒角半径。

8.2 聚合物粉末床熔融设计

聚合物粉末床熔融（如激光烧结、选择性激光烧结）是一种 AM 工艺，其中热能可以有选择性地熔合粉末床的区域。最常用的材料是聚酰胺（尼龙），现在还有一系列其他聚酰胺基材料，包括玻璃、碳和铝等填料。由于围绕在周围的未熔化粉末已经对该部分提供了足够的支撑，因此构造的零件通常不需要支撑。与大多数其他 AM 系统相比，这给了设计者更大的自由度。

使用聚合物粉末床熔融工艺制造的零件通常在材料性能上具有一定程度的各向异性。也就是说，零件在 Z 轴方向上的材料特性比 X 轴和 Y 轴方向上的更弱（特别是对于竖直方向上表面积小于 25mm^2 的细小特征，）。设计人员必须考虑到这一点，例如，确保将高负载的特征构建在水平方向而非竖直方向。这需要与 AM 工艺操作人员密切合作。

该工艺的另一个特点是零件表面上明显有粗糙的颗粒。可以通过各种后处理技术（如用研磨介质翻滚打磨）来减小表面粗糙度值，但这将对零件精度产生影响。涂刷汽车漆也通常被用作改善聚合物粉末床熔融零件表面质量和颜色的方法，这在本书的第 12 章中进行更详细的讨论。

8.2.1 粉末床熔融的精度和公差

不同制造商系统之间的精度和公差有所不同，其随着几何特征和打印方向而变化。确定任何特定系统的精度和公差唯一可靠的方法是打印一个测试参考件并对其测量。下面给出的数值适用于工业级粉末床熔融系统。

层厚	0.1mm
精度	± 0.3% 下限 ± 0.3mm
公差	± 0.25mm 或 ± 0.0015mm/mm 以较大者为准
最小的特征尺寸	约 0.5mm

8.2.2 层厚

粉末床熔融的典型层厚为 0.1mm，但某些系统允许层厚为 0.06mm。然而，与其他 AM 技术相比，阶梯效应在聚合物粉末床熔融技术上不太明显。阶梯效应仅在相对较大表面积且弯曲非常平缓的表面上可见。

8.2.3　避免大量物料

与注射成型一样，设计人员需要谨防其产品中塑料的厚度不均匀，尤其是避免大量材料在一处堆积。这两个情况都可能导致零件变形，也可能大大增加制造零件所需的时间，因为激光必须“扫描填充”由大质量引起的所有额外表面积，因此还将增加成本。有关更多详细信息，请参阅 3.5 节。

去除大量材料最常见的技术是对零件抽壳，然后需要确定是否保留留存在零件内部的散粉。如果零件的轻量化更有益处，那么只需在零件上增加一些溢粉孔，即可清除零件内部的散粉。

8.2.4　粉末寿命和新粉率

许多聚合物粉末床熔融系统使用新粉和旧粉的混合物。通常，新粉与旧粉的比例范围是 1/4 ～ 7/13。但是，在开始产出次品之前，粉末可以被重复使用多少次是有限制的。随着粉末的老化，打印零件可能会产生“橘皮”效果，其外表面呈细小凹坑的斑点状。当零件达到这种状态时，最好安全地处理掉粉末，然后重新混合新粉和稍旧的粉。

以下几页介绍了有关如何设计使用聚合物粉末床熔融工艺构建特定特征结构的信息。

8.2.5　特征类型：壁厚

最小壁厚 t	推荐最小壁厚 t	
0.6 ～ 0.8mm	1.0mm	t

解释：

尽管有时可以打印比上方所列数值（0.6mm）更薄的壁，但成功与否在很大程度上取决于其余部分的几何形状和打印方向等。

表面积大的薄壁在冷却过程中可能会发生翘曲。如果需要表面积大的薄壁，则考虑添加肋板以提高壁的刚度。

较厚的壁和任何大体积的材料都将使零件中产生过多的余热，从而导致收缩，进而导致几何变形。因此，建议将最大壁厚设在 1.5 ～ 3mm 之间。如果壁厚必须大于此值，则考虑对其抽壳。这将既有助于减少变形，又大大加快打印时间。

通常建议所有竖直和水平方向的壁厚保持均匀。

8.2.6　特征类型：活动零件之间的间隙

最小水平间隙 h	最小竖直间隙 v	
0.5mm	0.5mm	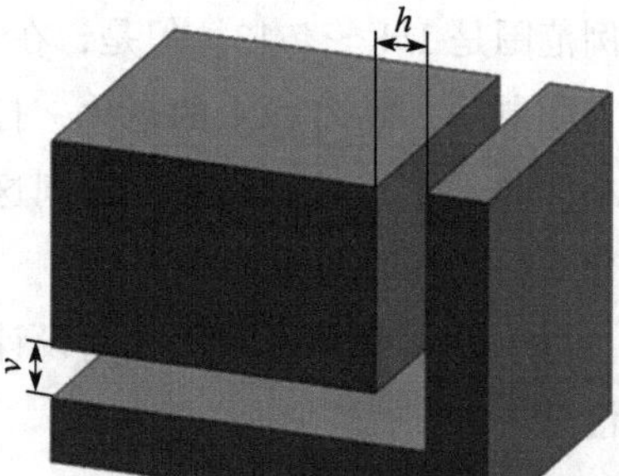

解释：

活动零件之间所需的间隙在很大程度上取决于其紧靠面的表面积。如果紧靠面的表面积只有几平方毫米，则两面之间的间隙可以只有 0.2mm。上面所列 0.5mm 的间隙在大多数情况下和大多数制造商的系统上都能有效适用。

大面积的紧靠面将降低去除多余粉末的效率。单独制造和随后组装的零件之间的间隙必须至少等于系统通用的制造公差。

8.2.7　特征类型：圆形轮廓通孔

工艺参数	最小直径	
壁厚	竖直孔 v	水平孔 h
1mm	0.5mm	1.3mm
4mm	0.8mm	1.75mm
8mm	1.5mm	2.0mm

解释：

通常小于 1.5mm 的圆形小孔与壁厚密切相关。随着壁厚的增加，粉末越来越难以从小孔内清除。随着壁厚的减小，较小的通孔变得可行。

8.2.8　特征类型：方形轮廓通孔

工艺参数	最小直径	
壁厚	竖直孔 v	水平孔 h
1mm	0.5mm	0.8mm
4mm	0.8mm	1.2mm
8mm	1.5mm	1.3mm

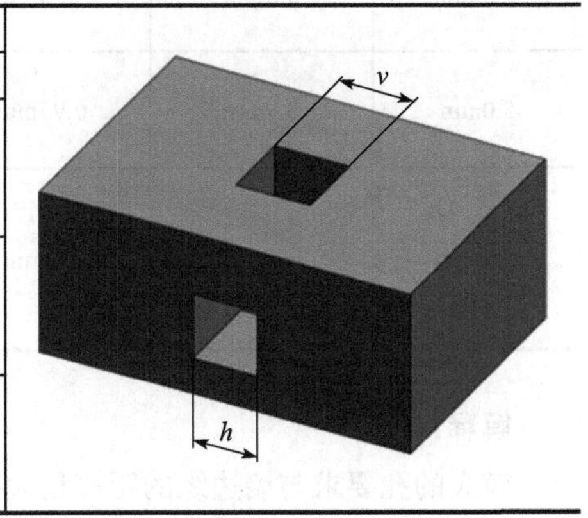

解释：

通常小于 1.5mm 的方形小孔与壁厚密切相关。随着壁厚的增加，粉末越来越难以从小孔内清除。随着壁厚的减小，较小的通孔变得可行。

8.2.9 特征类型：圆柱销

竖直销的最小直径 v	水平销的最小直径 h	
0.8mm	0.8mm	ϕh ϕv

解释：

如果仅靠一端支撑，则直径小的销钉容易折断。

始终在销钉连接面的边缘上倒圆角。

8.2.10 特征类型：孔到墙边缘的接近度

设计变量	到边缘的最小距离		
孔径	竖直孔 v	水平孔 h	
2.5mm	0.8mm	0.8mm	v h
5.0mm	0.9mm	0.95mm	
10.0mm	1.05mm	1.0mm	

解释：

较大的孔要求与墙边缘的距离稍大一些。

8.3　立体光固化设计

立体光固化（又称 SLA）设备装有紫外激光器，以固化槽里光敏树脂中的特定层。尽管有许多其他聚合物的打印设计规则同样适用于 SLA，但仍有某些准则是专门基于树脂打印技术制定的。

需要注意的是，某些 SLA 系统会自上而下地制造零件，并在制造过程中将零件逐渐拉入树脂槽中；而另一些（尤其是桌面级 SLA 系统）则倾向于自下而上地制造，其中激光源（或 DLP/DMD）位于槽的下方，并透过槽底的窗口来固化零件，并将零件从树脂槽中拉出。

8.3.1　分辨率

SLA 能够实现比其他某些增材制造工艺更高的分辨率。SLA 在 X、Y 方向上的分辨率取决于激光光斑的尺寸，范围在 50 ～ 200 μm 之间。通常这不是打印的可调参数。因此，最小特征尺寸不能小于激光光斑尺寸。

Z 方向的分辨率在 25 ～ 200 μm 之间变化，具体取决于机器允许的层厚选择。选择一个非常好的垂直分辨率是速度和质量之间的权衡。对于曲面或细节都不多的零件，以分辨率为 25 μm 打印的零件与以分辨率为 100 μm 打印的零件之间几乎没有可以观察到的差异。

8.3.2　打印方向

在为 SLA 确定零件方向时，尤其是在从底部固化零件并将其从树脂槽中自下而上拉出的 SLA 机器上，最大的问题是竖直方向上的横截面面积。打印件黏附到槽底所导致的力与打印件的 2D 横截面面积成正比。因此，通常最好将横截面较大的零件与成型平台形成一定角度来打印。将沿 Z 轴的横截面最小化是 SLA 打印中确定零件方向的最佳方法。

当然，也可以对零件设计进行修改，减小大的横截面面积。重要的是要理解为什么零件方向会影响 SLA 打印的质量。确定零件方向以使 Z 轴横截面面积最小化的必要性，通常会导致对支撑材料的大量需求。在某些情况下，设计可能需要大量的支撑结构，以至于用 SLA 打印不再具有成本效益；或者有害于零件的表面质量，最终成品不再具有足够好的质量以致无法使用。

减少打印方向上水平区域的数量、组件抽壳处理以及减小横截面面积等都是优化 SLA 设计的可取步骤。

8.3.3 支撑材料

对于悬垂特征，SLA 确实需要支撑材料。这是因为未固化的树脂不够黏稠，无法单独支撑悬垂特征。在后处理中必须除去该支撑材料。在大多数 SLA 系统上，零件添加支撑材料过程的自动化程度很高；但是用户可以根据经验手动编辑支撑，以避免在表面质量至关重要的区域使用支撑（图 8-5）。

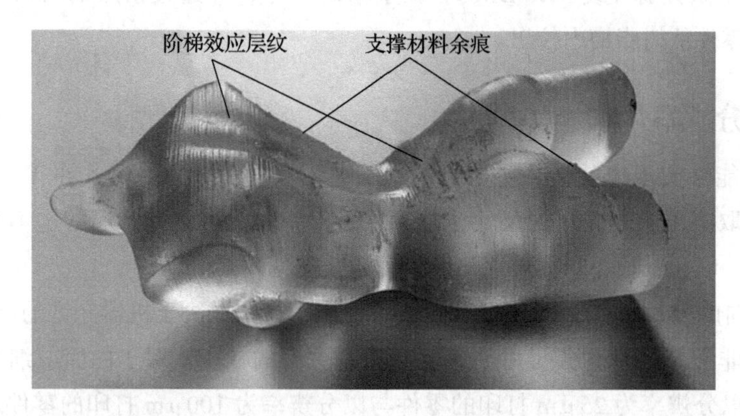

图 8-5 支撑材料留下的痕迹以及由材料叠层引起的阶梯效应的示例

8.3.4 悬垂

除非在没有恰当的支撑结构的情况下打印模型，否则悬垂结构通常不会给 SLA 带来什么难度。不带支撑的打印通常会导致打印变形，但是如果必须采用无支撑打印方式，则所有不带支撑的悬垂结构的长度必须小于 1.0mm，并且其与水平方向的夹角至少为 20°。

8.3.5 各向同性

SLA 是少数几种零件具有相对地各向同性的打印工艺之一。这是因为各层在打印时彼此以化学方式结合，从而导致 *X*、*Y* 和 *Z* 方向的物理特性几乎相同。无论零件是水平、竖直还是以一定角度放置在成型平台上，零件的材料特性在任何特定方向上都不会有明显差异。

8.3.6　中空零件和树脂去除

SLA 机器可以打印实心、致密的模型，但是，如果不打算将打印件用作功能零件，则将模型抽壳成空心可以显著减少所需的材料量并减少打印时间。建议空心部分的壁厚至少为 2mm，以减少打印过程中的失败风险。

如果要打印空心零件，则必须添加排液孔，以将未固化的树脂从该零件中排除。如果留在零件内部，则未固化的树脂会在空腔内产生压力差，并可能导致所谓的“杯缩”效应。诸如裂纹或孔洞之类的微小缺陷会扩散到整个零件中，如果不对其加以修正，将最终导致完全失效或部分炸裂。

排液孔的直径至少应为 3.5mm，每个中空部分至少应包括一个孔，尽管两个孔可以使树脂更易于去除。

8.3.7　细节

浮雕类的细节（包括文字）包括模型上稍微高于其周围表面的任何特征。这些细节必须至少比打印件表面高 0.1mm 以确保其可见。

镌刻类的细节（包括文字）包括凹陷进模型中的任何特征。如果这些细节过小，则其有可能在打印时与模型的其余部分熔合在一起，因此这些细节的宽度必须至少为 0.4mm，深度至少为 0.4mm。

8.3.8　水平桥

模型上两点之间的桥梁可以被成功地打印出来，但必须记住，较宽的桥梁必须比细的桥梁更短（通常小于 20mm）。较宽的桥具有较大的接触横截面积，这增加了从底部窗口分层时打印失败的可能性。

8.3.9　连接

如果要制造需要连接在一起的零件，则需装配在一起的零件之间最好具有一定的公差。对于 SLA，这些公差为：

- 0.2mm 的间隙适用于装配连接。
- 0.1mm 的间隙将提供良好的推入配合或紧密配合。

如果要打印互锁的移动零件，则移动零件之间的公差应为 0.5mm。

8.3.10 特征类型：壁厚

有支撑壁的最小壁厚 t	无支撑壁的最小壁厚 t
0.4mm	0.6mm

解释：

支撑壁是指至少在两侧与其他结构连接的壁，因此它们几乎没有翘曲的可能。支撑壁的最小厚度应设计为 0.4mm。注意，如果支撑壁表面积大，则可能需要更大的厚度。

无支撑壁是指只有不足两个边与打印件其余部分相连接，并且极有可能翘曲或从打印件脱离。这些壁的厚度至少为 0.6mm。

始终将一面壁与另一面壁相交的部分倒圆角，以减少连接处的应力集中。通常，建议所有竖直壁和水平壁的壁厚均一。

8.3.11 特征类型：圆孔

最小直径 h 和 v
0.5mm

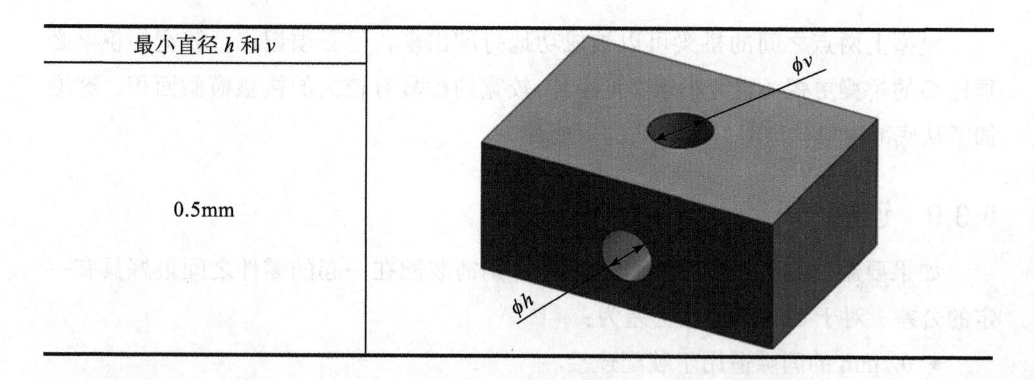

解释：

X 轴、Y 轴和 Z 轴上直径小于 0.5mm 的孔在打印过程中可能会封闭。

Chapter9 第9章

金属增材制造的设计

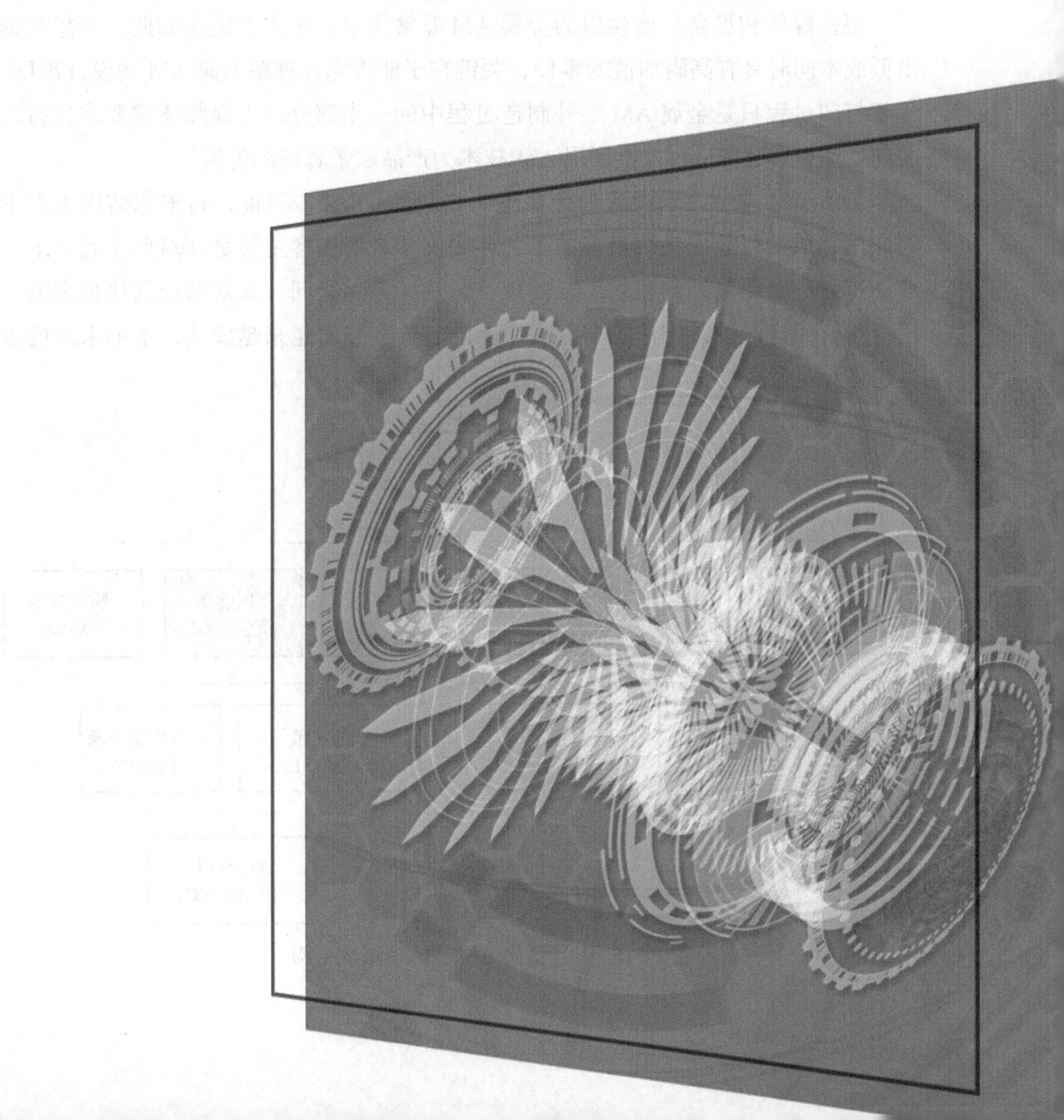

9.1　金属粉末床熔融的设计准则

金属粉末床熔融（如直接金属激光烧结、选择性激光熔化和电子束熔化）是指利用热能选择性熔化粉末床区域的 AM 工艺。使用的材料包括不锈钢、工具钢、铝合金、钛合金、镍基合金、钴铬合金和贵金属（如金）等。这类工艺制造的零件通常需要添加支撑（有时称为锚），并且支撑的材料与零件相同。零件制造完成后需要将这些支撑手动去除，因此设计人员必须留出去除支撑的空间。另外，在创建与支撑连接的细小特征时必须十分谨慎，因为在去除支撑过程中可能会将其破坏。

很多媒体和设备厂商误以为金属 AM 非常简单。事实上绝非如此，要想制造出低成本同时具有高附加值的零件，关键在于能否深入理解面向 AM 的设计准则。理解打印过程只是金属 AM 零件制造过程中的一小部分，工程师还需要掌握打印的前处理和后处理过程才能利用 AM 技术为产品赋予真正的价值。

金属 AM 技术可以大致分为如图 9-1 所示的几类。目前，粉末床熔融是在不同应用领域的行业中使用最多的工艺，因此本章的内容主要是针对此工艺。下一章还将讨论金属黏结剂喷射工艺的设计方法。毫无疑问，未来随着其他技术的广泛应用，相应的设计方法也需要扩展。随着这些技术越来越成熟，本书未来的版本也将会涵盖这些技术。

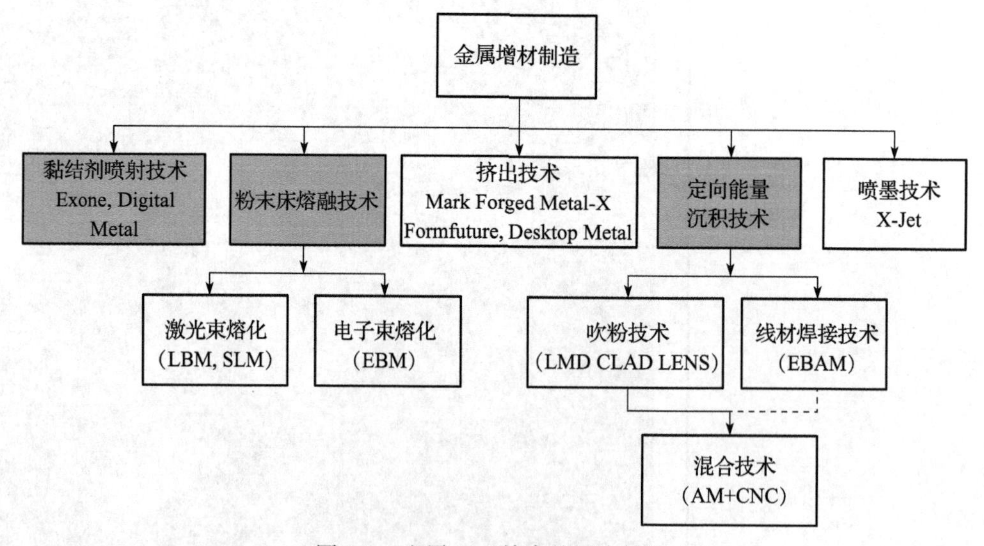

图 9-1　金属 AM 技术的层次结构

9.2　粉末床熔融的基础

如果要理解粉末床熔融，必须了解这些技术中使用的粉末，以及粉末熔融过程本身的特性。如果没有这种理解作为基础，则可能很难明白金属 AM 零件中产生缺陷的原因以及方式。

9.3　金属粉末的制造过程

金属 AM 粉末通常使用气雾化工艺制造。雾化工艺包括很多种类，如气雾化、真空感应熔炼气雾化、等离子体雾化、离心雾化和水雾化。大部分的雾化工艺能生产出：

- 球形粉末。
- 较高的粉末密度，得益于粉末的球形和粒度分布。
- 较高重复性的粒度分布。

气雾化是一种常见的粉末生产工艺，其工作原理是用惰性气体喷射熔融的金属液流，使其转变成球形的颗粒（图 9-2）。

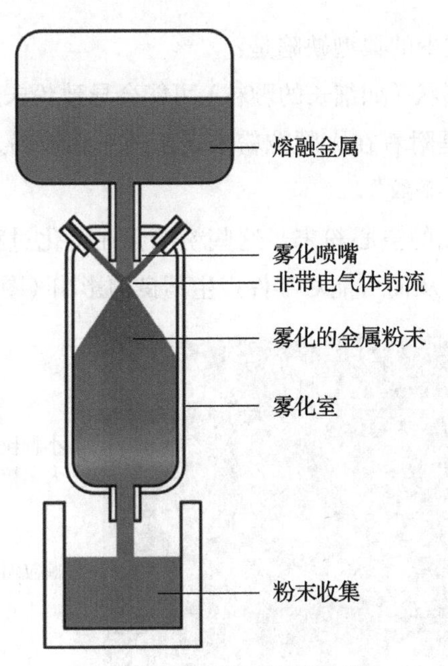

图 9-2　气雾化系统示意图

真空感应熔炼（Vacuum Induction Melting，VIM）气雾化与气雾化工艺类似，但是其整个过程都在真空中进行，这有助于减少金属粉末中可能发生的氧化现象（图 9-3）。

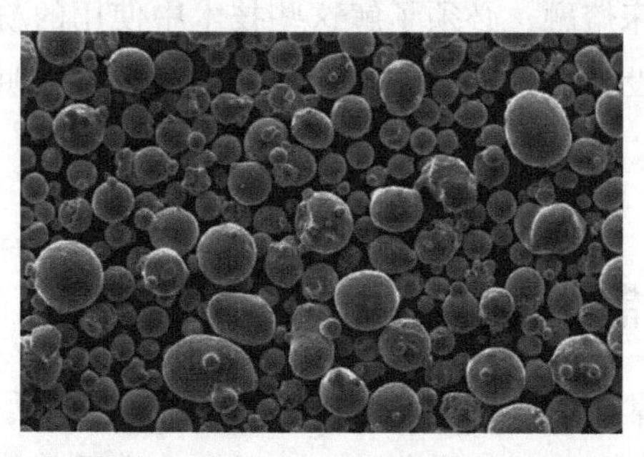

图 9-3　通过真空感应熔炼生产的粉末（由 Aubert 和 Duval 提供）

9.4　粉末形态（理想的粉末形状）

金属 AM 推荐使用球形粉末，因为其流动性较好，有助于在铺粉系统中形成均匀的粉末层。粉末床熔融系统的工作原理是先铺展粉末薄层，然后再选择性地熔化该层，因此粉末铺展得越好（表面平整、填充密实并且没有任何“条纹”），零件质量也将越好。

粉末中要控制和减少的典型缺陷是：

- 不规则的粉末形状（如细长的颗粒）可能会导致粉末难以均匀铺展。
- 卫星粉，也就是附着在大颗粒粉末表面的小颗粒粉末，这将使其更难铺展或在层中留下“条纹”。
- 具有开孔或闭孔的空心粉末。这些粉末会在熔化过程中爆炸，或者将气体截留在零件中，从而可能对零件产生不良的影响（图 9-4）。

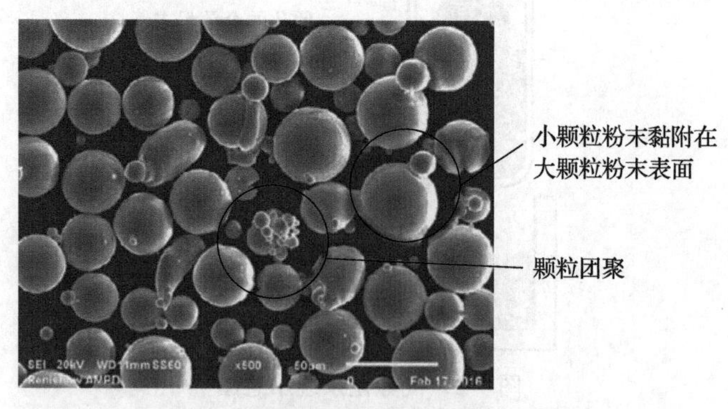

图 9-4　不良的粉末缺陷（由雷尼绍提供）

9.5　粉末粒度分布

对于粉末床熔融来说，最常用的粉末尺寸在 30 ～ 40 μm 之间，并由尺寸大小不同的颗粒以正态分布的方式组成（图 9-5）。一些允许设置极薄层厚的系统可能需要更小的粉末尺寸。与钢或钛相比，某些材料（如铝）的粒度分布可能略大。

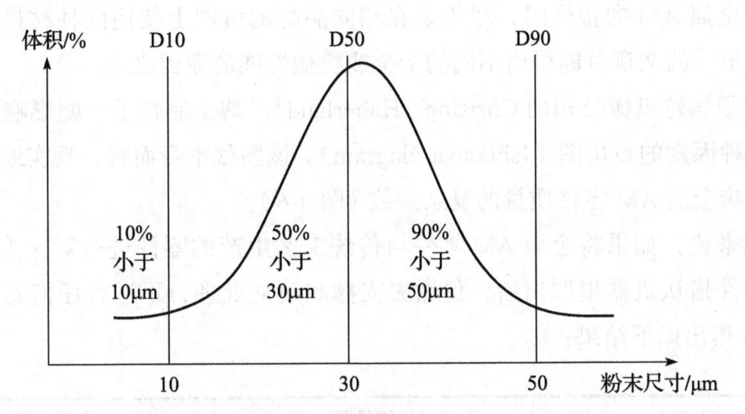

图 9-5　激光粉末床熔融的典型粉末粒度分布

EBM 和 DED 技术使用的粉末尺寸通常较大，为 50 ～ 100（150）μm 之间。

使用混合的粉末粒度分布是为了保证较小的颗粒能填充在大颗粒之间，从而使铺展的粉末层更致密。如果所有颗粒的尺寸完全相同，则在铺展的粉末颗粒之间会存在空隙，这可能导致其塌陷或收缩（尤其是在熔化过程中）。

9.6　粉末的其他注意事项

金属粉末如果处理不当可能会危害到人的健康，甚至引起爆炸。这些内容将在 11.2 节中进一步讨论。

处理金属 AM 粉末时要考虑的其他因素包括：

- 粉末的储存、处理和老化：对于几乎所有的合金，强烈推荐使用保护气体，同时控制湿度和温度，因为它们都非常重要。
- 粉末的重复使用性：即在 AM 周期之后，对未使用粉末再利用条件的定义（团聚颗粒的筛分、控制和重复使用次数等）。
- 健康、安全和环境问题。

9.7 金属AM材料的特性

在不同设备厂商、机器或材料之间，金属AM零件的冶金和机械性能差异非常大。这是因为每个设备厂商都使用自己的激光参数和扫描策略。另外，许多用户可能会进一步修改激光参数和扫描策略，以满足自己的特定需求。不仅如此，根据文献可知，影响AM零件机械性能的因素多达数百种。这就是为什么在阅读一些关于金属AM的报道时，尽管是在相同品牌的机器上使用同种材料进行的实验，但是不同的文章可能得出不同的冶金或机械性能的原因之一。

西门子涡轮机械公司的Christoph Haberland[3]博士制作了一幅影响AM零件质量的各种因素的石川图（Ishikawa diagram）。该图就本身而言，真实地描绘了众多可能影响金属AM零件质量的复杂参数（图9-6）。

一般来说，如果将金属AM零件与传统工艺生产的零件进行对比（这里的金属AM零件指从机器里取出后，仅做去支撑和喷丸处理，不进行任何其他的后处理），可以得出以下结果：

工艺	机械性能	表面质量
砂型铸造	AM较好	AM较好
熔模铸造	AM较好	AM较差
轧制或锻造	AM较差	AM较差

然而，对某些AM零件进行适当后处理后，其机械性能可以接近轧制或锻造的零件。

如果我们进一步研究金属AM零件的冶金特性，一些AM材料的一般特性包括：

- 由于加工过程中极快的凝固速度，会形成非常精细的微观结构。
- *Z*方向存在各向异性，体现在力学性能与其他方向略有不同。但要说明的是，这种各向异性不一定是缺陷。
- 少量残留的孔洞，特别是在表面以下。但使用优化的AM工艺通常可以达到99.9%的密度。
- 为了达到完全致密并减小各向异性，通常使用热等静压（HIP）处理（图9-7）。

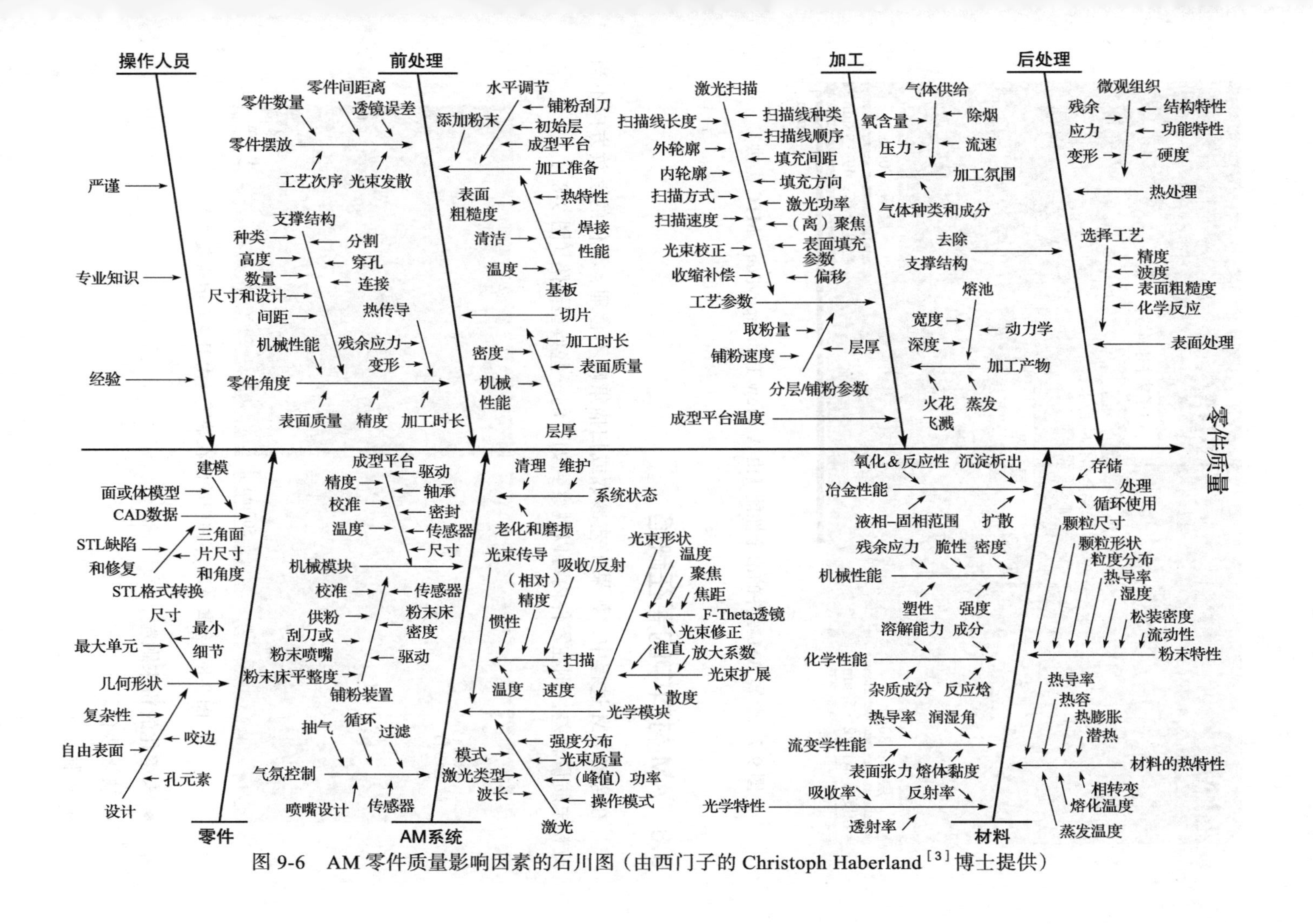

图 9-6　AM 零件质量影响因素的石川图（由西门子的 Christoph Haberland[3] 博士提供）

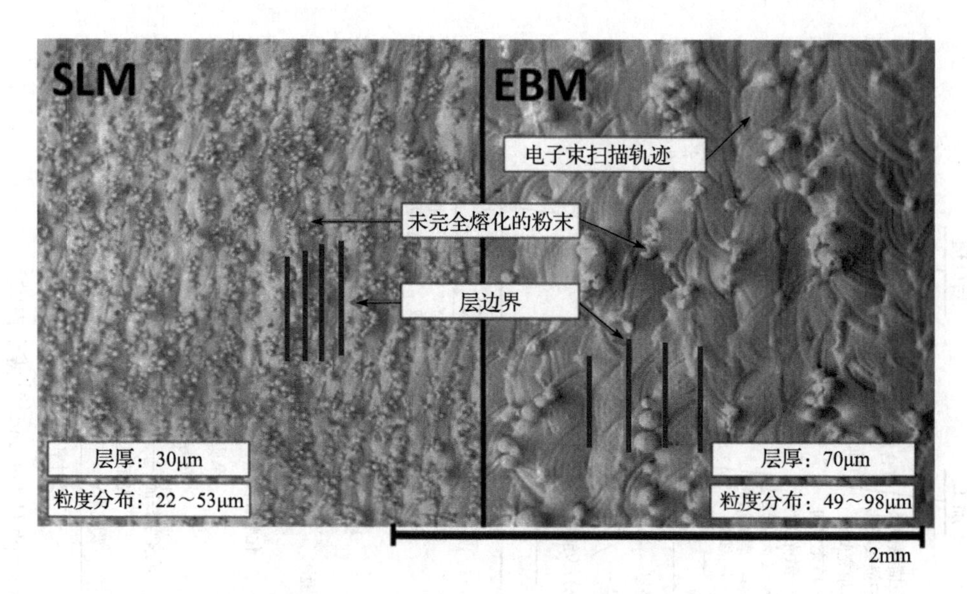

图 9-7　金属 AM 零件的冶金性能（由 Andrew Triantaphyllou，MTC 提供）

9.8　AM 材料中的潜在缺陷

在金属 AM 过程中，如果工艺参数或扫描策略不合理、零件的摆放方向不当或粉末质量较差，则在零件内可以观察到如下的一些典型缺陷（图 9-8）：

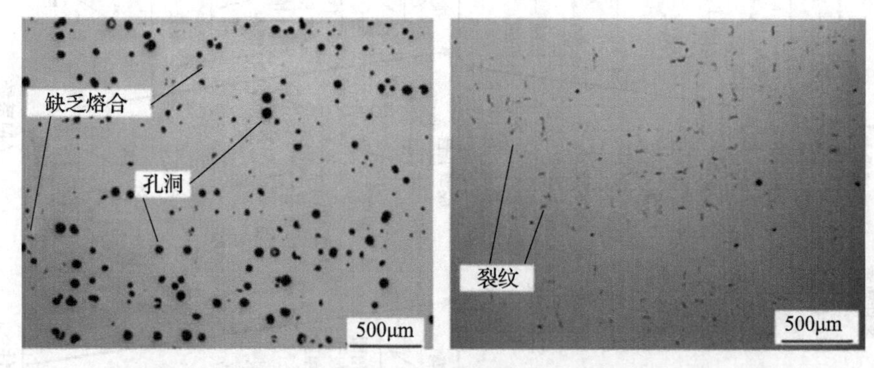

图 9-8　金属 AM 零件中的潜在缺陷（由 IK4 Lortek 提供）

- 未熔化的粉末颗粒。
- 缺乏熔合。
- 孔洞。

- 裂纹。
- 夹杂物。
- 残余应力。
- 较差的表面质量。

9.9　金属 AM 工艺

粉末床熔融过程首先在成型平台上铺展一层薄薄的粉末，然后使用能量源扫描特定区域将粉末熔合。接着对后续的层重复这一过程。图 9-9 说明了零件在 AM 过程中每一层熔合部分发生的情况。

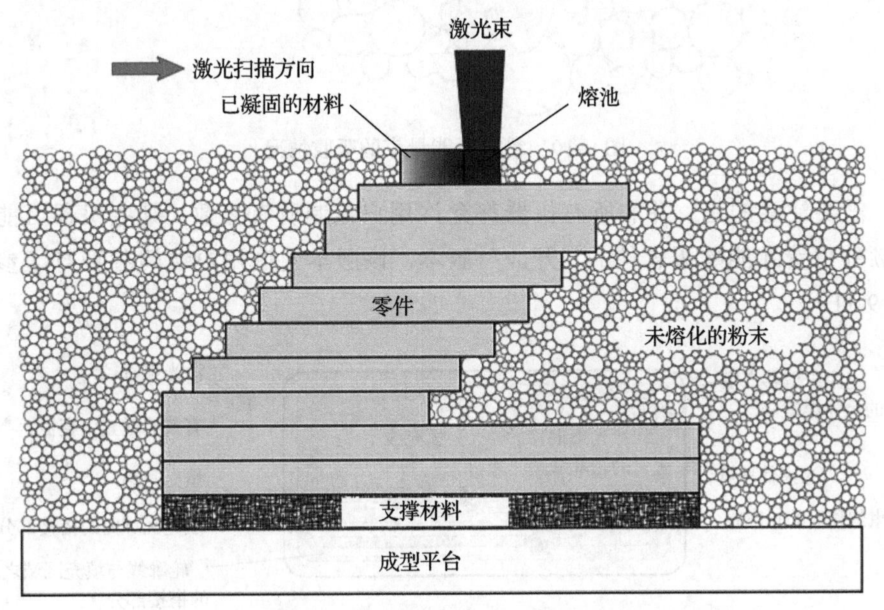

图 9-9　金属 AM 的总体制造过程

来自激光或电子束的能量具有将粉末熔合在一起的作用。但是，并非所有能量都会被粉末所吸收。有些能量散射到了粉末床中，有些则反射到了粉末床外（图 9-10）。

设备操作人员可以控制一些会影响零件质量的参数。其中的一些参数（如光束偏移）是在机器校准过程中设置的，只有在需要重新校准机器时才可以改动它们。另外一些参数（如填充间距）也会影响零件的质量以及制造速度，因此这些参数对于零件的生产至关重要。填充间距也是用于控制零件密度或孔隙率的参数之一。

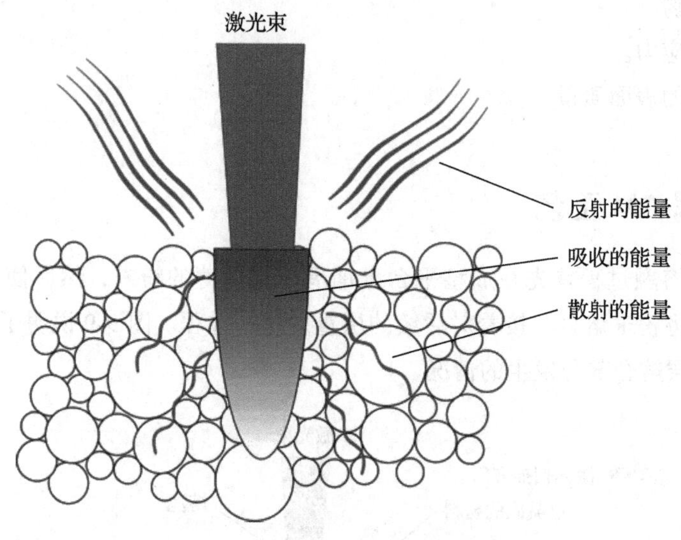

图 9-10　粉末对能量束的吸收情况

需要注意的是，并非所有机器都允许用户控制所有参数，某些机器可能需要额外付费才能购买软件的“开放”版本，该版本允许用户访问各种打印参数（图 9-11）。

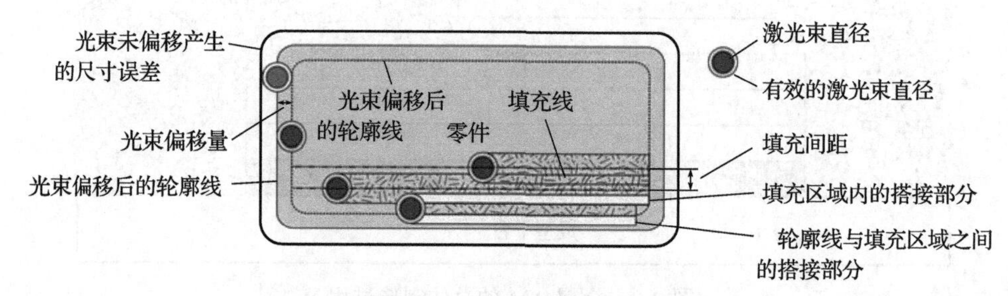

图 9-11　轮廓线、光束偏移和填充间距参数

为了尽量减小零件每一层中的应力同时防止零件变形，可以使用各种各样扫描策略。例如，常见的扫描策略是将每个连续层的扫描模式旋转 67°，这样可以避免相邻的层具有完全重叠的扫描轨迹，进而降低零件中的残余应力。在 9.15 节中将进一步讨论与扫描策略相关的内容（图 9-12）。

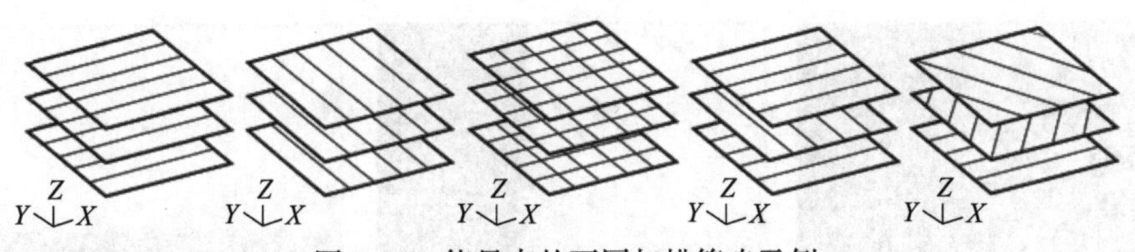

图 9-12　能量束的不同扫描策略示例

此外，能量束扫描模型的每个切片时，可以选用不同的扫描模式。有的能以连续的曲折线扫描整个切片，有些以条纹、棋盘或六边形的模式扫描。这些策略也将在 9.15 节中再次讨论。

能量密度

能量密度决定了粉末最终能否熔化。为了获得层与层之间牢固的冶金结合，必须提供足够的能量密度来熔化表层的粉末颗粒和已凝固层的部分区域，同时避免孔洞和未熔合区。过高的能量会导致材料蒸发、产生缺陷并降低材料的密度。合理的能量密度是各个参数之间微妙的平衡，其由下述公式确定。如果使用“开放版本”的机器软件，则用户可以轻松调整所有参数。

$$E=\frac{P}{vht}$$

式中　E——能量密度；

P——功率（W）；

v——扫描速度（mm/s）；

h——填充间距（mm）；

t——层厚（mm）。

与 AM 中的其他很多情况一样，使用“最佳的”能量密度其实是某种程度的妥协。随着能量密度的增加，零件的密度也会增加，但是到一定程度后表面质量开始下降。在较高的能量密度下，虽然表面附近的孔隙率很小，但其表面质量变差。

在图 9-13 中，使用 Ti6Al4V 作为材料，需要能量密度高于 40J/mm^3 才能获得相对密度为 99.7% ～ 99.9% 的零件。随着能量密度的增加，零件密度继续增大，但其表面质量变差。这是因为过高的能量会使熔融材料产生剧烈的振荡，所以会产生更粗糙的表面。然而当能量密度为 30J/mm^3 时，虽然零件的密度略低（但通常高于 99%），但能获得良好的表面质量，同时使边界处的缺陷最小化。

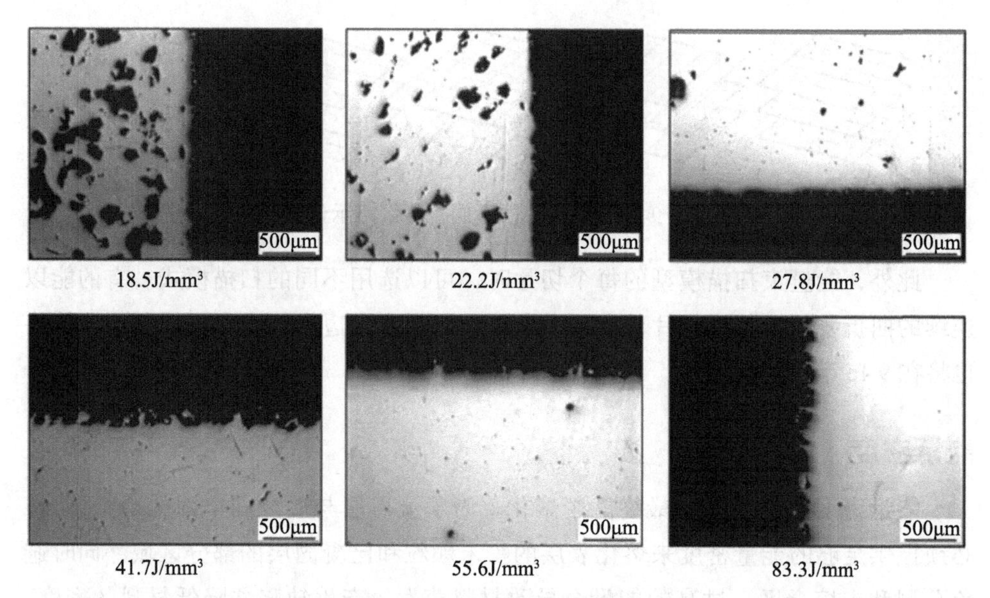

图 9-13 能量密度对表面粗糙度的影响（由 IK4 Lortek 提供）

还需要说明的是，铸造零件的典型密度通常在 98% 左右（取决于材料和铸造工艺），因此即使是相对较低的 AM 密度，也仍然可能优于铸造密度。

9.10 受控的混乱

金属 AM 零件的生产过程也可以称为受控的混乱过程。微小的粉末颗粒受到移动能量束的冲击，导致一些颗粒熔合，还有一些颗粒飞出粉末床，而有些非常小的颗粒则完全汽化。

然而令人惊讶的是，如果合理调整平衡我们能控制的所有参数，就可以生产出密度接近、各向异性相对较小（或控制得很好）的优质金属零件（图 9-14）。

图 9-14 增材制造过程中受控的混乱（由 Stratonics 提供）

由于具有很多相互作用的参数，因此 AM 不仅功能非常强大，同时也极其复杂。了解哪些参数可以在机器内部进行控制以及哪些参数会受零件设计的影响，是决定金属 AM 零件能否成功制造的关键问题。

9.11　金属 AM 的现状

由于金属 AM 是一个成本较高的加工过程（更多的信息，请参见 3.5 节），并且零件可能需要进行大量的后处理，因此需要具备充足的理由，才能促使用户选择用 AM 的方法制造零件。通常，如果零件并非专为金属 AM 而设计，则一般不适合使用 AM 来制造。对此也有一些例外，如备用零件，但总的来说，零件的几何形状必须足够复杂以至于无法通过传统方法轻松制造，才适于选用 AM 的方法。

图 9-15 所示的气体排放装置是一个很好的例子，说明金属 AM 可以创造传统制造无法实现的价值。它的几何形状使其无法用传统的制造方法生产，但作为一个组件用 AM 生产出来后，其本身的价值也大大增加。

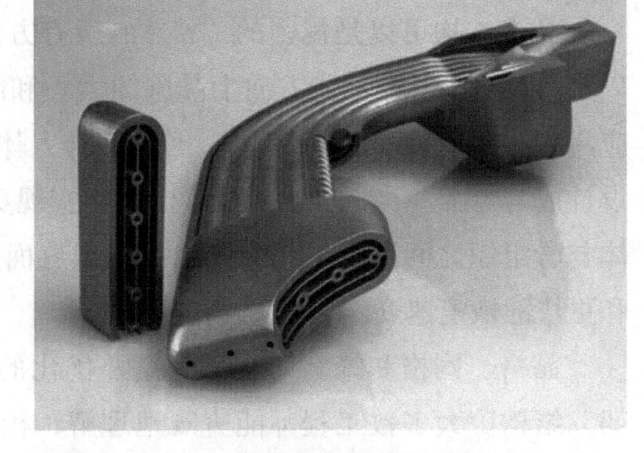

图 9-15　AM 优化的气体排放装置（由 RSC Engineering GmbH 提供）

由于大多数金属 AM 需要支撑结构（也称为锚）来导热，并且这些结构可能难以去除，因此在零件的设计上需要投入更多的精力，以最大限度地减少支撑材料的用量。

对于金属 AM 而言，零件的摆放角度对支撑优化和零件表面质量也至关重要。

简而言之，不管媒体和设备厂商怎么说，金属 AM 是一种难度很高的工作。它需要设计工程师和设备操作人员掌握大量相关知识。本书的后续部分会尝试提供一些相关的知识和设计指导，以帮助用户成功地制造金属 AM 零件。

9.12　拓扑优化

由于金属 AM 相关的制造成本非常高，拓扑优化就成为一种适用于很多金属零件的绝佳技术。AM 的优势之一在于其能够制造非常复杂的几何形状，因此借助拓扑优化（通常可以创建仿生蜂窝结构）能制造出比传统结构更轻便的组件。对于任何需要减轻重量的应用领域（如航空、汽车等），其都可以为产品增加巨大的价值。

有关如何将此技术应用于增材制造的更多信息，请参阅4.6节。

9.13 晶格结构

晶格结构是制造轻量化、高强度零件的另一种理想方式，另外晶格结构还可以显著减少AM零件制造的时间和成本。晶格结构的主要优势在于减轻零件重量的同时却不显著影响零件强度，这一点在航空航天和运输等行业中非常重要。

晶格是一种由重复的晶胞组成的更大体积的结构。晶格单元的形状、大小以及重复的形式有很多选择，并且有大量的晶格结构实例可以用于减少零件材料以提高其强度/重量比，或代替零件中的支撑材料。

晶格结构可以是规则的（零件的所有方向上都由尺寸相同的晶胞组成），也可以是不规则的（在不同方向上晶胞的大小和间距不同）。不规则的晶格结构在医疗应用中很受欢迎（如植入物），因为其与人体骨骼的结构非常类似。通过将植入物设计成与骨骼相当的强度/重量比，能实现更好的骨整合（在光学显微镜下，植入体与骨组织之间呈现的无纤维结缔组织界面层的直接接触），从而获得更好的效果和更快的恢复速度。

晶格、网格和蜂窝结构都是拓扑优化的简化形式，都属于将实体转换为“桁架”结构。大多数工程师能直观地理解，桁架在增加梁的刚度或强度的同时还能减轻梁的重量（图9-16）。

将晶格结构应用于增材制造零件主要有四种方式：

（1）将整个零件转换为晶格 这种方式是将整个零件都转换为晶格结构。通常应用于医疗植入物，以及对外表面要求不高的零件（图9-17）。

（2）零件的内部由晶格结构填充，其余为一定厚度的外壳 通常，这种方式需要在表面打孔，以便将未烧结的粉末从零件内部去除。如果设计得合理，则内部晶格结构还可以代替支撑材料起导热的作用（图9-18）。

（3）零件由实体和晶格两部分组成 这种方式会根据情况决定将零件的哪些特征保持实体，哪些特征转换为晶格。最简单的方法通常是在创建零件的初始CAD软件中，将零件拆分为不同的区域，然后将所需的部分分别导入晶格转换软件并转换为晶格，而需要保持为实体的部分不做改变。转换完成后，就可以执行布尔运算将晶格部分和实体部分连接起来，最终形成准备用于 AM 的零件整体（图 9-19）。

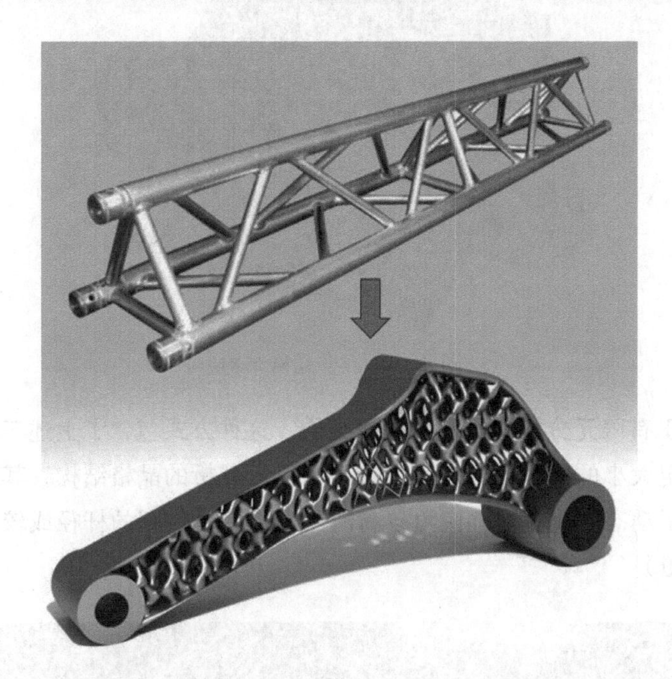

图 9-16　桁架和晶格结构（由 Autodesk 提供）

图 9-17　整体晶格结构

图 9-18　内部晶格结构

图 9-19　混合晶格结构

（4）基于有限元分析的不规则晶格结构　这种方式包含了上述三种方法，但不是使用恒定大小的晶胞，而是使用基于有限元分析的晶格结构，其晶胞和间距的尺寸产生了动态变化。零件应力较高的区域将使用较粗的杆径或较密集的晶格间距（图 9-20）。

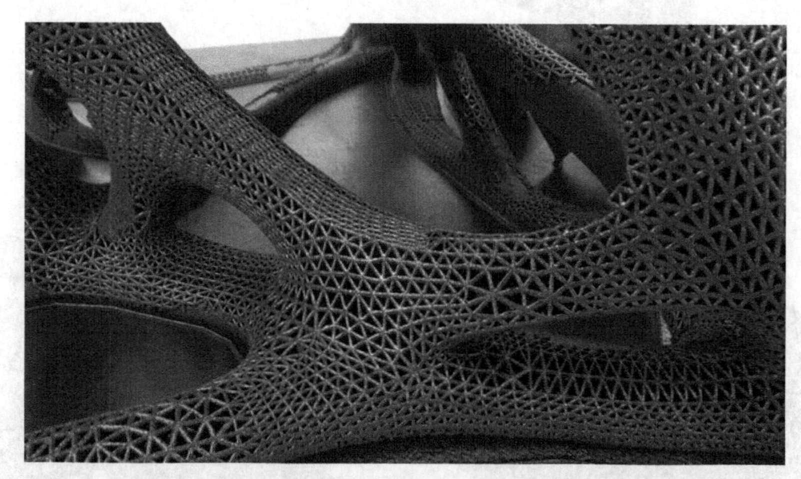

图 9-20　有限元分析驱动的动态晶格结构，由 Altair 在 Optistruct 中创建（由 Altair Engineering Inc.（Nasdaq：ALTR）提供）

晶格结构的杆径

晶格结构中使用的支撑杆必须具有一定的直径，以保证在制造的同时提供零件需要的机械性能。金属 AM 的理论最小杆径约为 0.15mm。但是，常识告诉我们，0.15mm 的支撑杆将具有相对较低的机械强度或抗疲劳性。因此，更合理的最小杆径在 0.5 ～ 1mm 之间。

在设计晶格时，最重要的是使用自支撑结构，这样打印晶格时就不需要支撑材料了。也可以添加水平杆，但它们必须足够短，以保证其表面积低于需要添加支撑材料的临界值。

在图 9-21 所示的晶格单元设计中，如果按图中所示方向施加力，则设计 B 的抵抗力将优于设计 A，但水平支撑杆通常很难打印。如果像设计 C 所示将单元格旋转 90° 再进行打印，则它仍然有较高的抵抗力，并且打印难度会降低很多。如果支撑杆非常细，则竖直方向的轻微各向异性可能会成为问题（图 9-21）。

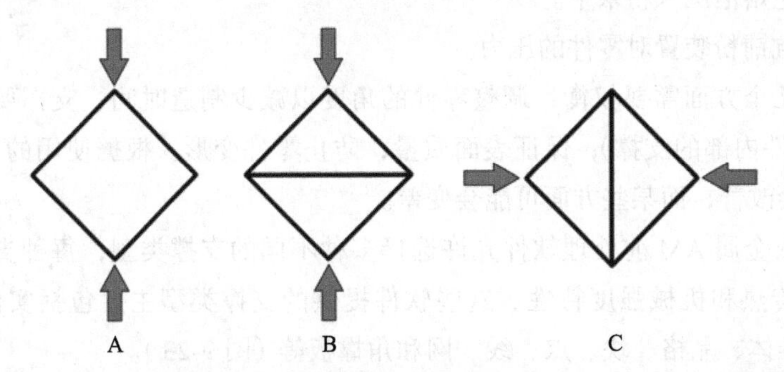

图 9-21　晶格单元 A 的抵抗力较弱；晶格单元 B 的抵抗力较强，但由于其支撑方向为水平方向，因此不易被打印；晶格单元 C 不仅能抵抗外力，而且更容易打印

如图 9-22 所示，如果水平跨度太长而无法自支撑，则水平杆可能会下垂。当然，这种情况取决于单元格的尺寸。

图 9-22　由于水平杆过长而导致的下垂（由 Renishaw 提供）

9.14 悬垂和支撑材料

尽管已经重复过多次，但仍需要强调，支撑对于金属 AM 零件的生产至关重要。在零件设计中，不仅要考虑支撑，而且要考虑支撑对设计的影响。零件悬垂特征的角度和表面积决定了其是否需要支撑材料。

在金属 AM 中，支撑结构具有以下功能：

- 支撑零件的悬垂部分。
- 加强并将零件固定在成型平台上。
- 传导多余的热量。
- 防止变形或打印失败。
- 防止熔池沉入粉末中。
- 抵抗铺粉装置对零件的压力。

以下几个方面需要权衡：调整零件的角度以减少制造时间，支撑要容易去除（特别是零件内部的支撑），保证表面质量，防止零件变形。根据使用的支撑类型，某些方面会改善，而某些方面可能会变差。

大多数金属 AM 前处理软件允许选择多种不同的支撑类型，每种支撑类型具有不同的传热和机械强度特性。这些软件提供的支撑类型主要包括实体、薄壁、树型、圆锥体、晶格、块、点、线、网和角撑板等（图 9-23）。

图 9-23　不同支撑类型的示意图（注意：本图仅用于展示不同类型的支撑材料，某些部分可能并不合适）

使用哪种类型的支撑件主要取决于零件的几何形状、零件可能产生的残余应力（相关内容参见 9.15 节）以及支撑材料的去除难度。目前越来越多的软件可以通过一系列条件设置（包括零件的应力、表面质量和去除支撑的难度等）自动选择最合适的支撑。但是，这个功能在大部分软件中仍处于起步阶段，希望将来它会成为所有 AM 软件的标准功能。

要理解软件不同类型支撑的效果，建议设计一个由多个桥组成的零件，在每个桥下面都打印不同类型的支撑。这样就可以观察和对比每种类型的支撑对表面质量以及其去除难度的影响。

9.14.1　打印具有较大水平面的零件

通常，具有较大水平区域的零件需要相对更坚固的支撑。这是因为横截面的突变会形成大片的熔融薄层，导致产生相当大的残余应力，如果支撑不够坚固和致密，就很可能导致零件产生裂纹。在这种情况下，有时必须使用“实体”支撑，这种支撑实际上是固体，但其密度略低于零件部分。如果可以的话，应尽量旋转零件的角度，避免出现大的水平区域或者需熔化的表面面积突变，以减少实体支撑的使用，并最大限度地降低零件开裂的风险。

图 9-24 所示为使用块状支撑以水平方向打印的零件，其底面上可以看到明显的裂纹。但是，由于水平方向是总高度最低的方向，打印三个这样零件的时间为 22h。

图 9-24　以水平方向打印的底部有应力裂纹零件

相反，同一零件以 45° 角打印时，其底面上没有裂纹，但是打印三个这样零件的时间为 54h（图 9-25）。

这再次证实了增材制造中必须要面对的典型矛盾。水平方向的构建高度低，因此加工时间短，旋转一定角度后零件的质量会提高，但是加工时间长。

9.14.2　支撑材料的角度

一般的经验法则是，若特征角度的水平方向夹角大于 45°，则不需要添加支撑。但是，这在不同的材料之间和不同的机器之间有所差异。与特定材料相关的特定角度将在“10.1.2　特征类型：悬垂角”中给出。

还应注意，有些制造商指定的角度以水平方向为基准，有些指定的角度以竖直方向为基准。

图 9-25 以 45° 角方向打印的无应力裂纹零件

这些角度代表零件无需支撑即可加工的最小角度。通常，使用比最小角度更小的角度将生产出具有更好表面质量的零件。这是因为“朝下”的表面总是比“朝上”的表面具有更差的表面质量。面朝下的角度越大（越接近水平），表面质量越差。

9.14.3 无支撑的角、悬垂和桥

在能量束焦点处熔化的区域会快速冷却，产生的应力会使材料向上卷曲。支撑充当零件与成型平台之间的“锚”，用来抵抗这种向上的弯曲力。由于翘曲 / 卷曲的区域会阻止新粉末层的铺展，因此其可能会导致打印失败。

1. 斜面角

直接在粉末床上构建而不使用支撑作为构建支架，会导致零件表面质量很差。这是因为激光穿透粉末床，使疏松的粉末聚集在焦点周围，而不是通过支撑结构散发热量。斜面角如果设置得不合理，则会使零件具有不可接受的表面质量，严重时甚至会损坏铺粉装置（图 9-26）。

2. 悬垂

不同于自支撑的斜面角，悬垂是部分几何结构的突然变化，如突出一个与水平方向成 90° 的小特征。与其他 3D 打印技术相比，粉末床熔融技术对悬垂结构的支持相当有限。一般来说，任何大于 0.5mm 的悬垂部分设计都需要额外的支撑，以防止零件损坏（图 9-27）。

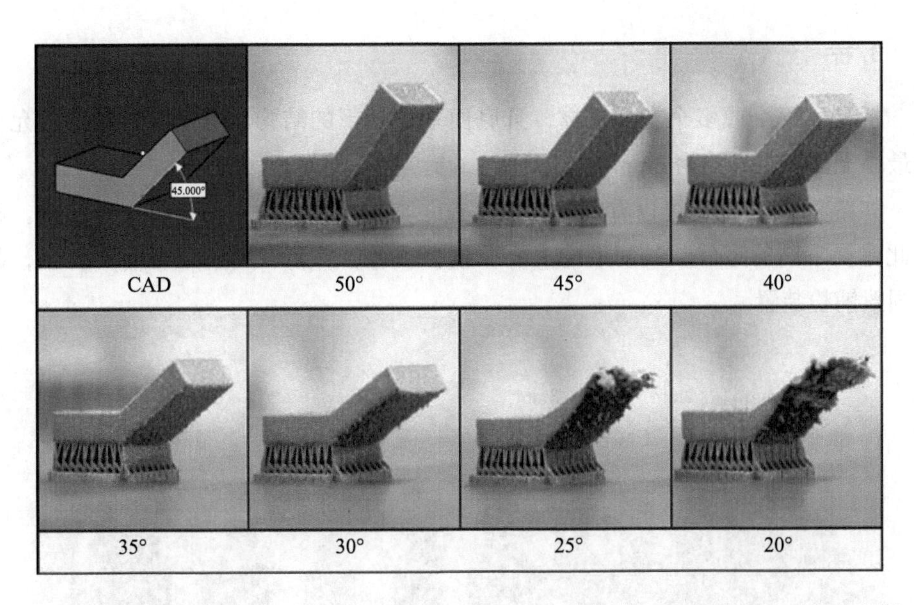

图 9-26　无支撑角的影响（由 Protolabs 的 David Bentley 提供，其为一个深入研究金属 3D 打印的公司）

图 9-27　无支撑悬垂的影响（由 Protolabs 的 David Bentley 提供，其为一个深入研究金属 3D 打印的公司）

3. 桥

桥是由两个或多个特征支撑，且底面平整朝下的结构。粉末床熔融工艺允许的最小无支撑距离约为 2mm。

如图 9-28 所示，可以看到随着无支撑距离的增加，桥如何拉扯支撑结构。超出此建议限制的零件，其朝下的表面质量会很差，并且在结构上可能不健全，甚至损毁铺粉装置。

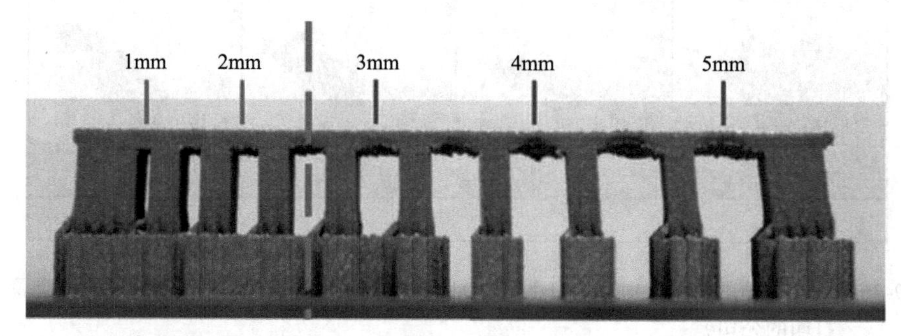

图 9-28　无支撑桥的影响（由 Protolabs 的 David Bentley 提供，其为一个深入研究金属 3D 打印的公司）

9.15　残余应力

制造高质量的金属 AM 零件时，最具挑战性的一个方面是残余应力。与焊接工艺一样，金属 AM 零件中会存在大量残余应力。这也是金属 AM 零件通常需要支撑材料的原因之一。只有将这些残余应力和应力集中通过热处理释放掉之后才能从成型平台上移除零件（图 9-29）。

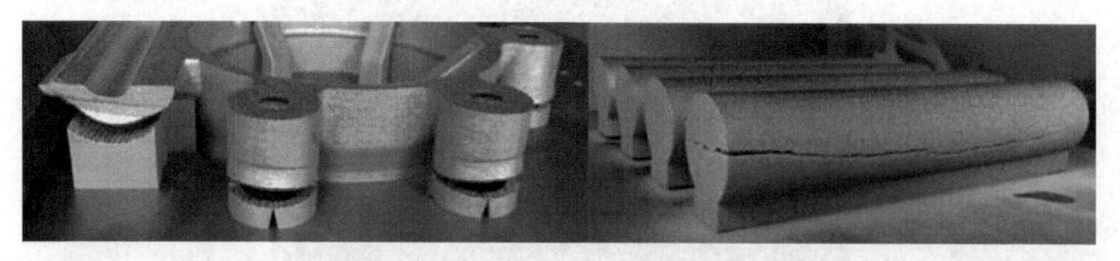

图 9-29　残余应力对金属增材制造零件的影响足以使零件从支撑上脱离或使零件开裂

在某些情况下，残余应力可能大到使整个成型平台弯曲、使零件从成型平台上分离或者使零件本身开裂。

残余应力是在消除了引起应力的所有因素后仍然存在于固体材料中的应力。关于残余应力需要记住的重要一点是，这不一定是坏事。残余应力可以是有益的，也可以是有害的。例如，喷丸可以使金属零件产生有益的残余压应力。然而，在设计的结构中，意外的或不可控的残余应力则可能会导致零件过早地失效。

残余应力可能产生于多种机制，包括：

1）AM 零件在冷却过程中（特别是在大块材料中），会存在从表面到中心的温度梯度，其中零件内部的冷却速度比零件外部的冷却速度慢。

2）非弹性（塑性）变形。

3）结构变化（相变）。

4）在 AM 过程中，来自激光的热量可能会引起零件局部膨胀，这种局部膨胀会被熔化的金属或已经凝固的部分所吸收。当成品冷却后，一些区域会比其他区域冷却和收缩得更快，并留下残余应力。

克服残余应力的最佳方法是通过零件本身的设计尽可能多地消除残余应力。

9.15.1　减少残余应力的设计方法

有许多相对简单的设计方法可以用来减少残余应力。具体包括：

- 减少厚度不均匀的区域。大块材料部分是残余应力的主要来源，同时该部分也很容易避免产生残余应力。
- 尽量避免较大的横截面变化。有时这可能意味着必须在非水平方向上打印组件。
- 预热成型平台。
- 加热成型室。

此外，许多传统铸造的设计规则同样适用于金属 AM。

如果无法完全避免加工大块材料（这种情况通常很少见），则可以使用不同的激光填充参数设置，以最大限度地减少残留应力的累积。

- 例如，较小的棋盘填充模式产生的残余应力会比较大的棋盘填充模式或较大的扫描区域小。但是这也会稍微降低构建速度。
- 旋转每一层的填充扫描方向通常为 67°。

有些残余应力始终是不可避免的，但问题是它会不会影响零件的功能。如果必须消除，则可以使用多种形式的热处理来减少零件中的残余应力，这将在第 12 章中进一步讨论。相较于传统方法设计出的零件，针对 AM 进行优化设计的 AM

零件通常不需要进行热处理，或者只需进行简单的热处理。

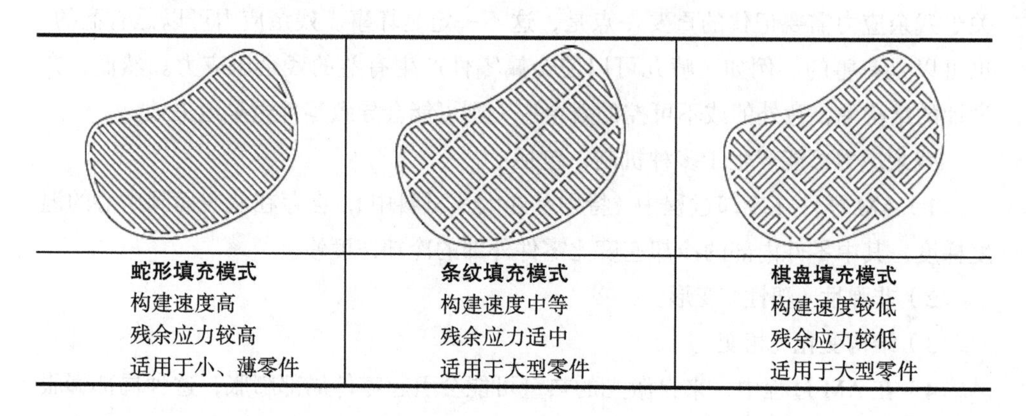

9.15.2 残余应力最小化设计的示例

2018 年，新加坡淡马锡理工学院（Temasek Polytechnic）著名的金属 AM 专家 Alexander Liu 在 LinkedIn 上发布，通过一个案例展示了残余应力导致的问题，经过拓扑优化的支架零件与成型平台（或支撑材料）剥离并导致打印失败。这是由于零件内产生了相当大的残余应力，严重到将零件从成型平台（或支撑材料）上剥离（图 9-30）。

图 9-30 由于残余应力而使零件从成型平台（或支撑材料）上剥离示例（由 Alexander Liu 提供）

原始支架零件经过拓扑优化后由两部分组成：小夹具和主支架。零件结构虽然经过了拓扑优化，但并不一定适用于金属 AM。在这种情况下，零件既包含大块区域，又有许多厚度不均匀的地方，这会造成很大的应力。另外，尖锐的内部拐角也会引起应力集中（或应力升高），从而可能导致零件过早失效（图 9-31）。

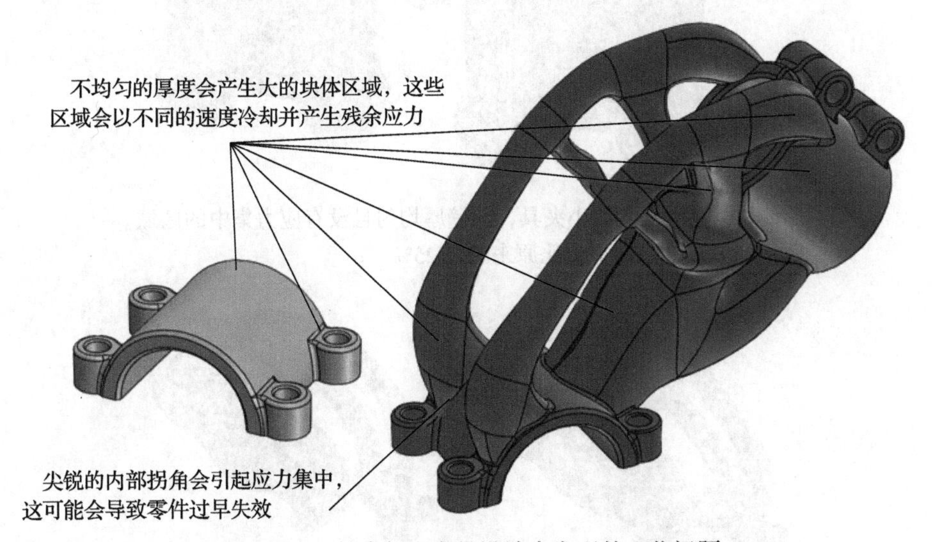

图 9-31　原始支架和夹具设计中发现的一些问题

一条适用于许多制造方法（包括注塑、铸造和增材制造）的基本设计准则是：尽可能使用均匀的壁厚。这条准则在增材制造中可能比其他制造方法具有更大的影响。

在支架的小夹具部分上，可以通过去除不必要的材料并且使用肋板的方法来保持机械的完整性，这种简单的技术使夹具主体的壁厚达到均匀的 3mm，这通常也是轻、中型铸件的壁厚。肋板的宽度为 2mm，以避免在肋板与圆柱体连接处产生不均匀的厚度。另外，将四个螺栓孔凸耳抽壳并加肋板，以避免它们成为产生残余应力的区域。当然，根据此支架的特定应用环境，可以按需增加或减少 3mm 的标称厚度（图 9-32）。

对于支架的主体部分，拓扑优化版本被用作参数化设计的 CAD 版本的设计起点。支架的夹具端经过重新设计，与上述小夹具的设计非常相似。较厚的中心部分被分成三个壁厚均匀的放样构件，并且将这些构件的中心设计为 U 型截面以提高刚度，所有部分的厚度均保持为 3mm。此外，每个内角都做倒角处理，以避免在结合处产生应力集中的风险（图 9-33）。

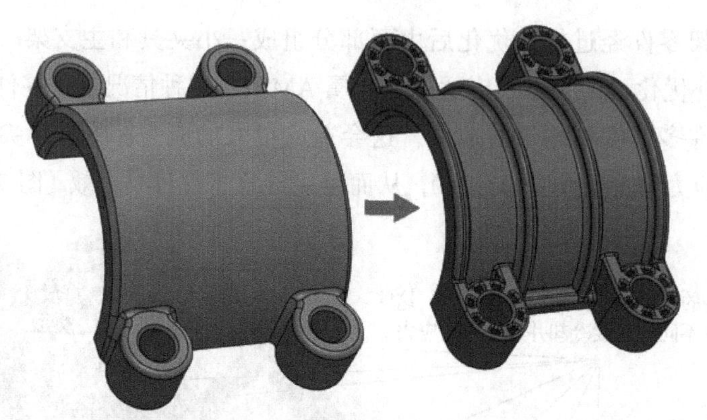

图 9-32　重新设计的小夹具，其壁厚均匀且没有应力集中的区域。该夹具的重量比原来减轻 25%

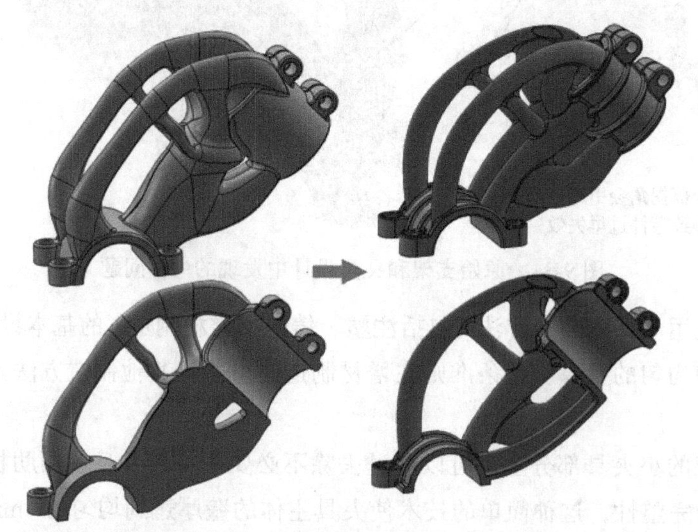

图 9-33　根据最初的拓扑优化支架零件重新设计了主支架。新结构的壁厚相对均匀，重量为原始支架的 47%

新设计的结构成功地以两个不同的方向进行了打印，而且打印过程中零件丝毫没有脱离成型平台或支撑结构。较小的夹具在水平和竖直方向上进行打印，而较大的主支架在一个方向上进行打印，并且其中一个夹钳处于水平位置，另外两个夹钳都以一定角度倾斜以实现较低的打印高度（图 9-34）。

在设计 AM 制造的零件时，设计工程师要时刻想着避免残余应力的技术。因为，使用这些通常很简单的技术（如保持均匀的壁厚并避免大块的体积）会对零件的打印成功率产生巨大影响。

图 9-34 打印的零件仍通过支撑连接在成型平台上，以及经过后处理和喷丸处理的零件

减少在制造过程中可能积累在零件中的残余应力，也可以大大降低制造完成后对热处理的需求。不仅如此，正如 *Metal AM Magazine* 中的一篇文章所述，避免零件中大块的区域，也会降低零件的制造时间和成本。

上面的示例清楚地表明，期望采用传统方法设计的零件（即便使用了先进的设计方法，如拓扑优化等），通过 AM 的方式成功制造其实是不现实的。针对 AM 的设计不是一个选择，而是充分发挥增材制造的真正潜力的必然需要。

9.16 应力集中

应力集中或应力升高是指应力在零件的某一部位聚集。这些应力在 AM 制造过程中以及 AM 零件的热处理中都可能会产生。

对于金属 AM，通过优化设计可以有机会最大限度地减少应力集中区域。疲劳裂纹几乎总是从应力集中的区域产生，因此消除这种缺陷可能出现的区域可以使此种缺陷最小化，并显著提高零件的疲劳强度（图 9-35）。

减少应力集中的设计方法

通过结构设计可以使零件尽可能少地产生应力集中，这也是减少零件所需热处理量的最佳方法。对所有尖角进行倒角（减少应力集中）、使用均匀的壁厚以及避免大块区域（减少残余应力）等简单的策略对于减少应力集中也非常有帮助。

在图 9-36 所示的简单结构中，尖锐的内部拐角很可能引起应力裂纹。另外，尖角处的质量比水平壁和竖直壁大（厚度不均匀），因此将包含一些残余应力，这些残余应力可能导致壁变形。相反，圆角消除了产生应力裂纹的可能性，并且均匀的壁厚将产生残余应力的可能性降至最低。

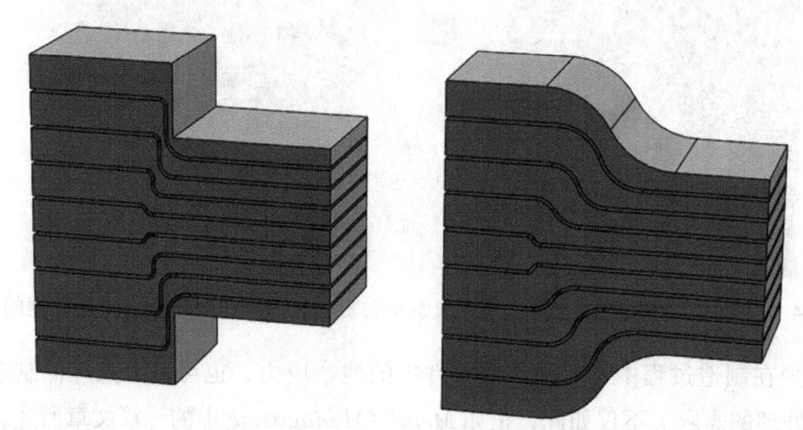

图 9-35 应力集中的区域最容易形成裂纹。消除这种应力集中对于零件质量来说至关重要

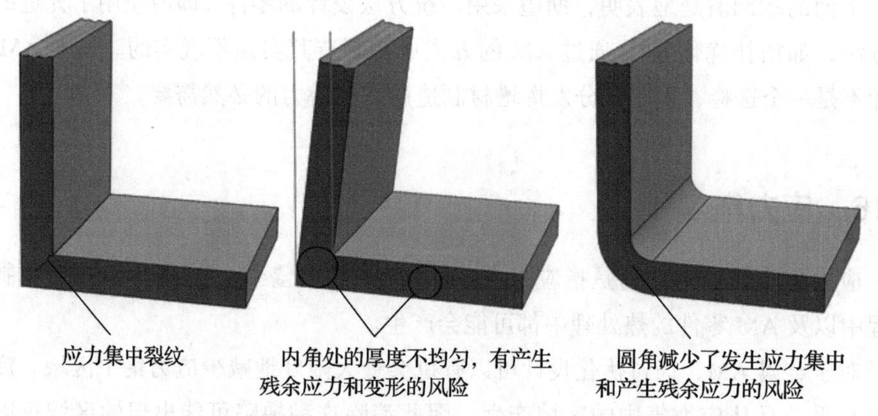

图 9-36 通过简单的倒角消除应力集中和残余应力的示例

9.17 水平孔

在金属 AM 中，一定直径的水平孔（或低于最小自支撑角度的孔）将需要在孔内添加支撑。尽管这不一定是问题，但从零件内部去除支撑材料总是比从零件外部去除更困难。特别是对于长孔或弯曲的管道来说，很难从内部拆下支撑。一般来说，直径在 8mm 以下的孔可以在无支撑的情况下进行打印（图 9-37）。

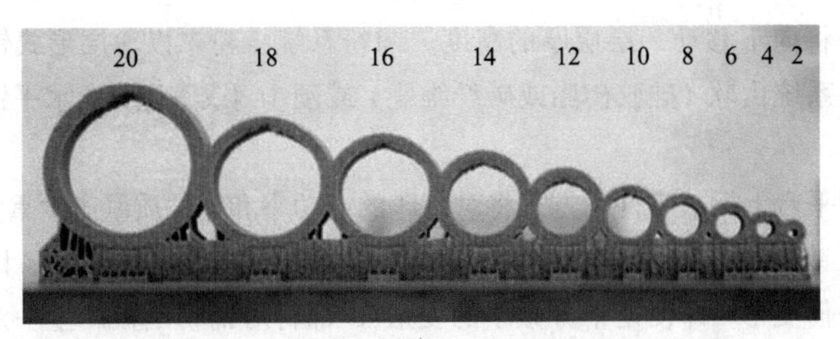

图 9-37　打印无支撑材料的水平孔（由 Protolabs 的 David Bentley 提供，其为一个深入研究金属 3D 打印的公司）

如果需要更大的孔，最常用的方法是将孔的形状从圆形改为无需支撑材料即可打印的形状。这些形状通常包括椭圆形、泪滴形和菱形（图 9-38）。

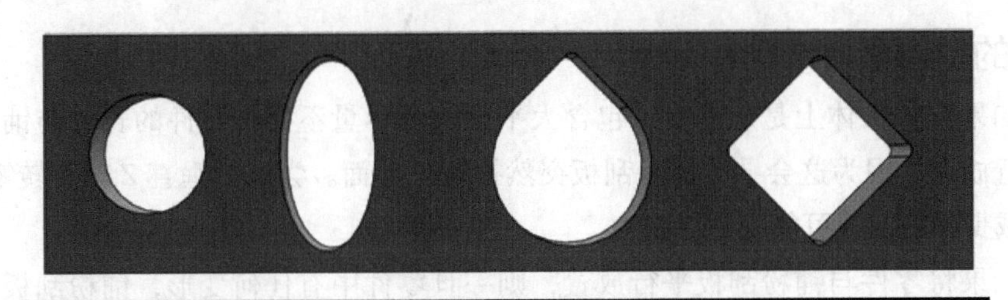

通常，可以在不加支撑的情况下打印直径约为 8mm 的圆孔。若孔的尺寸大于 8mm，则需要支撑。请注意，此直径根据所使用的机器和材料不同而有所变动	当椭圆的高度是宽度的两倍时，可以根据所使用的系统将椭圆孔的高度打印到约 25mm	泪滴形孔几乎可以打印到任何直径，只要顶角不小于最小自支撑角即可。一般做法是将泪珠顶部切成圆角，以避免应力集中	菱形孔几乎可以打印成任何尺寸。最好对孔内的角进行倒角，以避免应力集中

图 9-38　无需支撑材料即可打印的孔的形状

9.18　设置金属 AM 打印作业

设置金属 AM 打印作业的过程可能很复杂。尽管很少有工程师和设计师直接参与零件的打印，但手动操作机器可以使他们对打印过程的复杂性有更好的了解。如果零件的设计者不直接参与打印，那么他们必须要与机器操作员保持良好的沟通，才能确保最终的零件符合他们的期望。

大多数金属增材制造系统是在成型平台上执行打印作业的。该平台可以是正方形的，也可以是圆形的，并用螺栓固定在成型室活塞上，在每次熔化操作完成后，该平台将向下移动一层层厚的高度。铺粉系统将粉末以薄层形式铺展在成型平台上，该系统由软（硅胶树脂或碳纤维刷）或硬（钢或陶瓷）的水平铺粉刮板或硬辊组成。

在成型平台上摆放零件的方式将对打印的成功率和零件质量产生重大影响。

当刮板铺展新一层的粉末时，零件已经打印的部分将无法移动，因此，如果零件上有任何变形（即便是十分微小的变形），都将对铺粉刮板产生一定阻力。如果零件很脆弱，则该力足以使零件弯曲或折断。如果零件产生变形但没有弯曲或折断，则可能损坏铺粉刮板，从而导致打印失败。

将零件正确地摆放在成型平台上，可以最大限度地减小零件施加在铺粉刮板上的力，从而减小甚至消除与铺粉刮板损坏相关的打印失败的概率。

通用的零件摆放准则

如果零件大体上是矩形，或包含大平面，则尽量不要将零件的长轴与铺粉刮板平行放置，因为这会导致铺粉刮板突然接触长壁面。尝试绕垂直 Z 轴旋转零件，尽量减少铺粉刮板可能受到的阻力。

如果将零件与铺粉刮板平行放置，则一旦零件中有任何变形，铺粉刮板可能无法克服变形，从而损坏模型。将零件绕 Z 轴旋转 5° ～ 45°，以使铺粉刮板不会突然遇到长壁面。这将大大降低发生碰撞的风险，从而提高薄壁等脆弱零件的质量（图 9-39）。

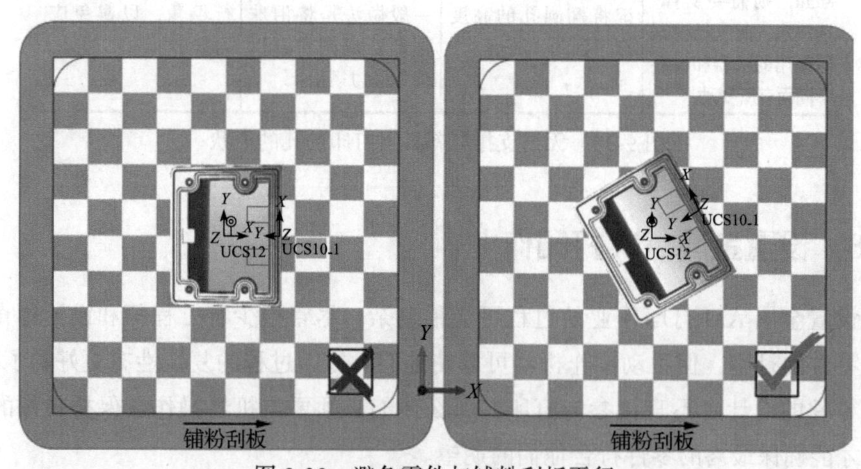

图 9-39　避免零件与铺粉刮板平行

尽量避免将零件彼此紧挨着放置。如果零件变形并与铺粉刮板接触，即使铺粉刮板或零件可能被损坏，打印过程也可能继续。对于硅胶树脂或碳纤维刀片，尤其如此。铺粉刮板与零件碰撞后的影响可能是使碰撞区域正后方粉末铺展的质量变差。因此，如果可能的话，将零件排布在成型平台上时，尝试沿着铺粉刮板在零件后面增加一些空间（图 9-40 和图 9-41）。

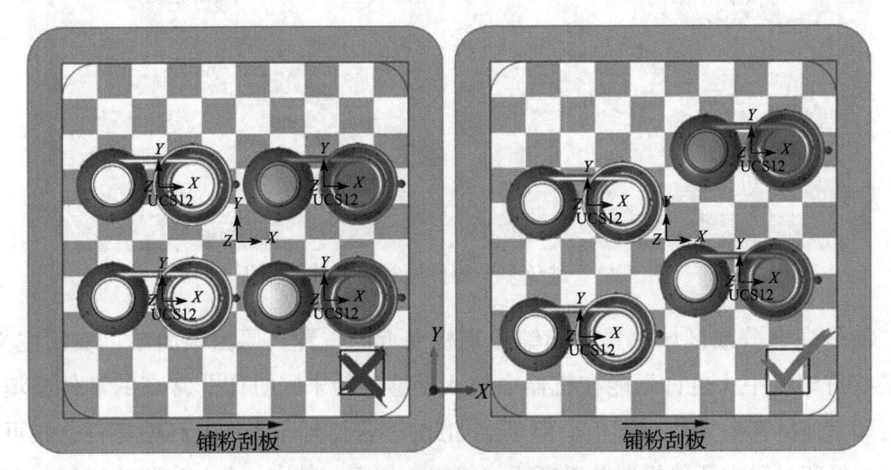

图 9-40　避免零件直接排成一排

图 9-41　铺粉刮板损坏并造成缺陷的零件示例

尽量避免让铺粉刮板同时与多个零件接触。通常仅需在成型平台上移动零件几毫米，就足以最大限度地降低由零件变形导致铺粉系统崩溃的风险（图 9-42）。

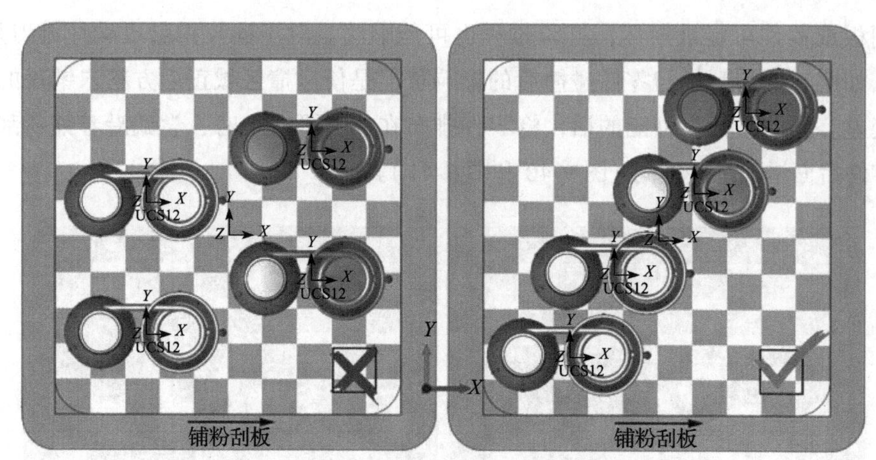

图 9-42 避免多个零件同时碰到铺粉刮板

将最高部分或区域放置在离铺粉刮板最近的位置。原因很简单：实用主义。在某些打印机中，也许不能在机器中放入足够的粉末来打印非常高的零件或填充满打印室（尽管令人难以置信，但事实如此）。若要打印出如此高的零件，则可能需要在打印过程中暂停机器并重新添加粉末。然而，其中一些打印机也可以控制每一层的铺粉量。在这种情况下，用户可在打印小零件时使用“正常”量的粉末，后续打印较高零件时减少每层的铺粉量，这样就可以保证有足够的粉末来打印所有零件，而无须暂停并重新添加粉末，因为在系统暂停的时间内，零件可能因冷却而发生变形（图 9-43）。

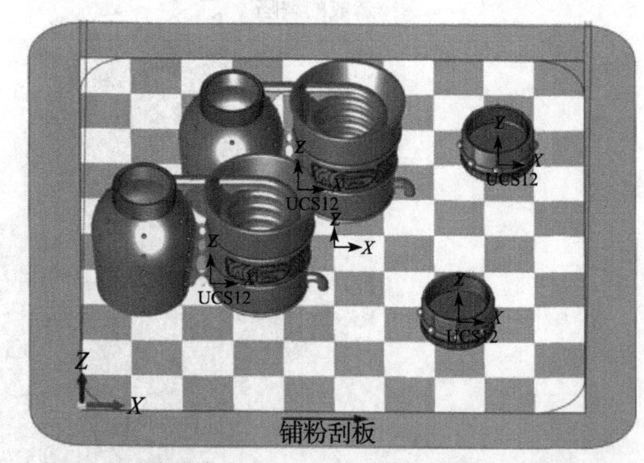

图 9-43 将最高部分放置在最靠近铺粉刮板的位置

使用上述准则需要注意的一点是，设备厂商宣传的打印尺寸有时可能会误导。例如，如果设备厂商宣称的打印尺寸为 250mm × 250mm，但要求零件按一定角度放置，则 250mm × 250mm 规格的零件将不在建议的加工体积内。“理论上”它虽然合适，但由于方向的原因，它很可能导致机器无法打印。

Chapter10 第 10 章

金属增材制造指南

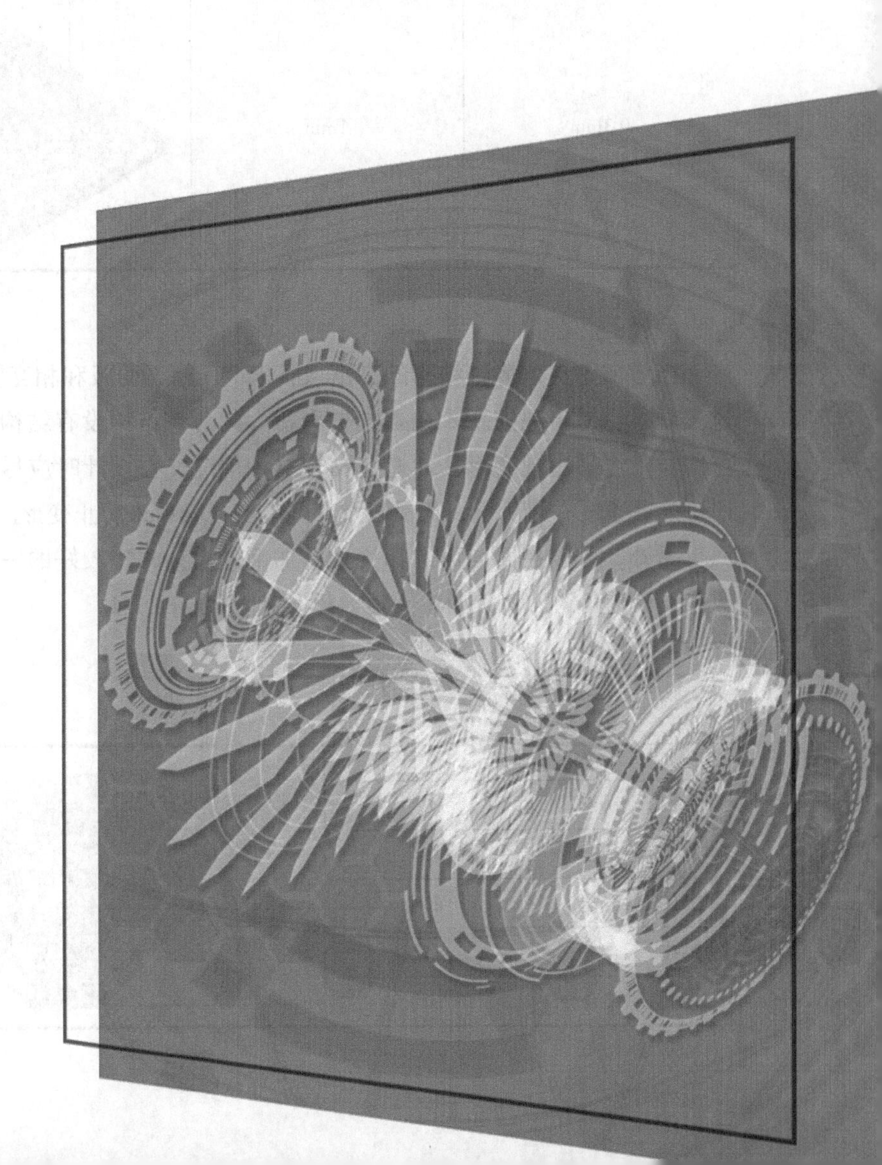

10.1　基于激光粉末床熔融技术的设计

本章的设计指南适用于基于激光粉末床熔融金属的工艺过程。由于不同的设备制造商和不同的设备型号之间会有所不同，为了确保数据的可靠性，建议打印一组测试件来对下面的设计参数进行验证。

10.1.1　特征类型：壁厚

最小壁厚 t	推荐最小壁厚 t
0.3mm	1mm

解释：

当增加无支撑薄壁结构的高度或长度时（如无肋板和相互交错的薄壁），打印过程就很容易出现问题。如果这种面积大的薄壁结构没有结构上的加强，则其在打印时很容易出现变形。为避免出现这种情况，在设计时应尽量避免用最薄的壁厚，或者通过添加肋板、角板以及其他的支撑材料来防止变形。

另外，可以在面与面的相交处添加倒角设计，比较好的一个原则是可根据壁厚来设计倒角的尺寸，如将倒角半径设置为壁厚的 1/4。

10.1.2　特征类型：悬垂角

最大悬垂角 α	
DMLS 不锈钢	60°
DMLS 镍基合金	45°
DMLS 钛合金	60°
DMLS 铝合金	45°
DMLS 钴铬合金	60°

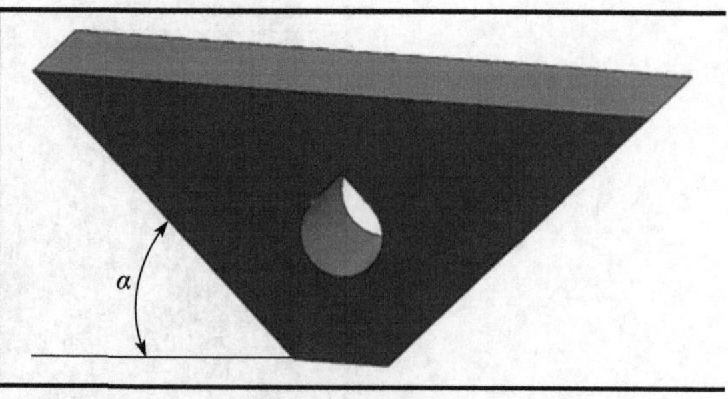

解释：

如果悬垂角小于表中所列的数值（从水平方向测量），则需要添加支撑材料，支撑材料可以由软件自动生成。由于支撑材料需要人工去除，因此过多的支撑材料将增加后处理的时间。

在测量悬垂角大小时要注意区分，有些制造商习惯于以水平方向为基准进行测量，而有些制造商习惯于以竖直方向为基准进行测量。

有些特征类型（如冷却通道）需要尽可能少的支撑设计，当水平孔的直径小于8mm时，该特征可以在无支撑材料的情况下被打印。具体内容可以参考9.17节关于水平孔的设计指南介绍。

10.1.3 特征类型：活动零件之间的间隙

最小间隙		
水平方向 *h*	竖直方向 *v*	
0.2mm	预留出适合支撑去除的空间	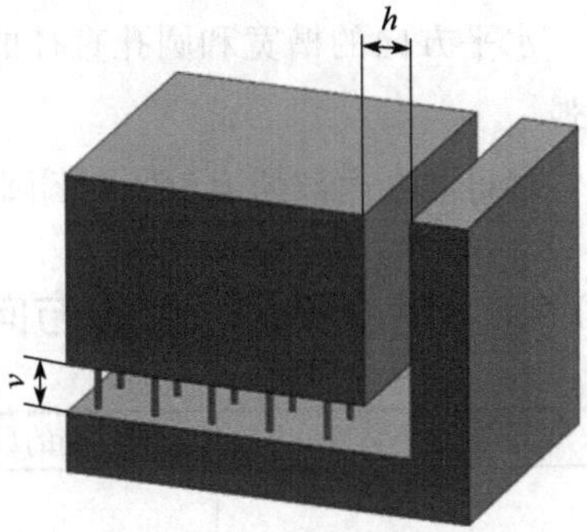 *h* *v*

解释：

一般情况下，在金属增材制造过程中，所有的可活动零件都需要直接被打印在成型平台上，或者保持彼此之间的连接，以防止在打印过程中被刮刀系统刮走。只有将它们从成型平台上切割下来，且连接彼此间的结构被去除时才能够被当作活动零件。

如果支撑数量多且彼此间的间隙又小，则将增加去除支撑的难度。在打印单独打印的零件和需要被组装的零件时要合理布局，相互的间隙要控制在设备允许的公差范围以内。

10.1.4 特征类型：竖直方向的槽和圆孔

槽的最小宽度 w	圆孔的最小直径 d	
0.5mm	0.5mm	

解释：

随着零件厚度的增加，留在槽内或圆孔内的粉末将会很难或无法被去除。

水平方向的槽宽和圆孔直径的尺寸很难得到，因为这些数值对设备的依赖性太强。

尽可能在内部的尖角处做倒圆角处理，以防止打印过程中出现应力集中。

10.1.5 特征类型：竖直方向的凸台和圆柱销

凸台的最小宽度 w	圆柱销的最小直径 d	
0.5mm	0.5mm	

解释：

在凸台和圆柱销的底部添加倒角处理，习惯上将倒角的半径设置为厚度的1/4。

水平方向凸台和圆柱销的尺寸很难得到，因为这些数值对设备的依赖性太强。

10.1.6 特征类型：内置外螺纹

打印时，螺纹尽可能朝竖直方向	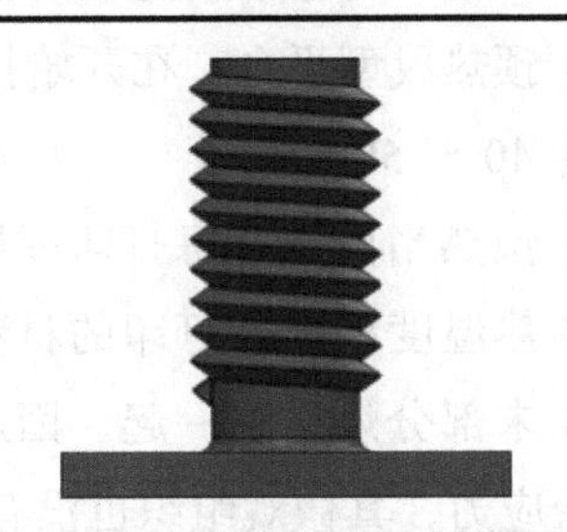

解释：

理论上来讲，M4 以下的螺纹都可以被打印出来，但仍需用丝锥进行攻螺纹处理，以达到螺纹对表面粗糙度的要求。

建议所有打印的螺纹都需要进行攻螺纹处理，而且需要预留出足够的空间以方便使用丝锥进行攻螺纹。

在螺纹的底部进行倒角处理，以防止打印过程中出现应力集中。习惯上将倒角的半径设置为厚度的 1/4。

10.2 基于电子束熔化技术的设计

电子束熔化也是采用粉末床熔融工艺，利用电子束作为能量源将每一层的金属粉末熔化。通过电磁线圈实现对电子束的控制，电子束按照切片层的信息有选择性地将金属粉末熔化并最终成型。

典型的电子束熔化过程包含以下几个步骤：

（1）使成型室惰性化　利用真空泵排出成型室的空气，排出空气的过程需要 50 ～ 70min。所有门的密封条要彻底清洗干净，以确保关门后不发生泄漏。在整个打印循环的过程中，真空系统为成型室提供 1×10^{-5}mbar[⊖]或更低的压力，而在熔化时通过反冲氦气，保证成型室处在 2×10^{-3}mbar 的氦气保护氛围中。在所有的金属增材制造过程中，保持成型室处在干净和可控的气体氛围中对于保证金属材料的化学性能是非常重要的。

（2）起动电子枪　电子枪灯丝被电流加热。应确保电子枪的所有部件没有被

⊖ 1mbar = 100Pa。——译者注

金属粉末颗粒污染，以避免产生电弧。电子枪加热大约需要 10min。

（3）校准　将电子束光斑调整到正确的大小，校准过程大约需要 5min。

（4）预热成型平台　在开始打印零件之前，成型平台需要预热到约 750℃，预热时间为 40 ～ 50min。

（5）预热当前层　每打印一层时，需要利用电子束对当前层的所有粉末进行预热，预热温度根据所打印的材料进行设置。电子束通过扫描整层对粉末进行预热并将粉末部分烧结在一起。因此，通过电子束熔化工艺打印的零件相对而言就没有残余应力，其微观组织也没有马氏体组织。

（6）熔化　粉末层被预热，将部分粉末烧结在一起，随后电子束将根据切片层的信息将该部分区域的粉末完全熔化。

（7）冷却　当打印结束以后，根据打印零件的高度，成型室需要进行 12 ～ 18h 的冷却。被加热的钛合金粉末温度较高，一旦此时成型室被暴露在空气中将会引发钛合金粉末爆炸。

（8）移出　当烧结成块的粉体彻底冷却（温度小于 100℃）以后，便可以从设备中移出成型室，并将埋没在粉末中的零件取出。未用完的粉末可以重新进行筛分，待筛分后混以新粉便可以重新加以利用。

10.2.1　后处理

打印完成以后就可以将零件从设备中移出来了，但在零件真正被使用之前，需经过以下步骤的后处理。

（1）粉末回收 / 喷砂处理　将 EBM 加工的零件先从设备中移出来，但此时零件仍被埋没在处于半烧结状态的粉末中。Arcam/GE 提供了一套用于粉末回收的系统（Powder Recovery System，PRS），可搭配 EBM 设备一起使用。PRS 包含一个密封的仓室，在仓室内可以利用压缩空气对半烧结状态的粉末进行回收处理。

PRS 中用于喷砂的介质与打印时所用粉末的材质相同，因此在粉末回收时，允许将该介质和所用的打印粉末混合，通过后面的筛分过程加以回收并重新利用。整个喷砂过程所花费的时间可依据打印零件的复杂程度而定。例如，对于一个空心的且长度变化范围在 5 ～ 7mm 之间的圆柱体，在 30s 内可以将 75% 的半烧结状态的粉末清理干净，而要将 98% 的粉末都清理干净就需要再花费 5min 的时间。零件形状中包含的拐角和盲孔越多，清理时所花费的时间就越长。对于有些复杂的零件，通过喷砂处理还不能将所有的粉末都清理干净。

其他一些手段，如用工具手工刮掉或打碎烧结成块的粉末，也能起到作用。但是工具会给粉末带来污染，被污染的粉末就无法回收进行再利用，这样就会造成一定的粉末损失。此外，可利用超声波清洗技术对零件内管道中的粉末进行清理。

（2）支撑去除　在 EBM 过程中，由于打印的零件被半烧结的粉末所包围，因此需要的支撑数量较少，但是对于起到热量传递作用的支撑则需要同激光粉末床熔融技术一样加以去除。去除支撑以后，成型平台经机械表面加工处理后（如车削或 EDM 线切割）可以进行重复利用。

（3）热处理　EBM 加工的零件残余应力很小，一般不需要通过热处理来释放残余应力。这是因为在 EBM 过程中，粉末在真空环境下被预热到很高的温度，而零件被这些半烧结状态的粉末包围，随着逐层打印的进行，被预热的粉末可以对零件起到退火释放应力的作用。在打印过程中，对于通过支撑与成型平台直接相连接的零件表面，可以起到应力释放的效果，但对于没有支撑设计的区域，其应力往往比较高。因此通过热处理可以改善 EBM 零件的材料性能。

（4）热等静压（HIP）　EBM 的过程发生在真空环境下，因此零件的内部空隙（包括产生的真空孔洞）通过 HIP 处理后很容易闭合。

（5）机加工　在进行 EBM 零件的设计时，应主要考虑哪些表面需要机加工处理以保证精度。多余的预留材料也需要通过机加工方式加以去除（依据零件的不同，去除的余量通常在 0.5 ～ 2mm 之间）。为了机加工能更加容易进行，设计时应考虑是否需要添加约束结构用于固定和夹紧零件。同时对于增材制造的产品，还应考虑那些打印出的较粗糙的表面是否需要保留以及当零件被打印完成后，那些需要被机加工的面是否能够被机加工到。

（6）表面处理　零件所需的表面处理也会影响设计需求。有时，标准的喷砂或喷丸处理是必要的。如果对表面质量还有更高的要求，则那些适用于其他金属制造工艺的表面处理技术（如后面章节中介绍到的几种）也同样适用于 EBM 工艺。

10.2.2　设计准则

Arcam/GE 建议，在选择 EBM 零件的摆放方向时，应尽可能减少朝下表面的数量，在这一点上它与激光粉末床熔融技术还有所不同。在利用 EBM 设计打印工艺时要考虑这点，以尽量减少朝下表面的数量。水平表面，特别是弯曲的表面，在尺寸精度和形成缺陷上都容易发生变化。

（1）支撑　EBM 过程中所需要的支撑与激光粉末床熔融过程中所需的支撑有所不同，主要是因为在 EBM 过程中，零件被半烧结状态的粉末包围。这些半烧结的块状粉末可以起到固定和传递热量的作用，而激光粉末床上疏松的粉末则不可以。同时，这些半烧结状态的块状粉末还能起到降低零件残余应力的作用。

然而，零件的底部仍然需要一些支撑材料将其固定到成型平台上，对于一些下表面结构也需要添加额外的支撑以防止其变形，从而保证尺寸精度。由于过热，薄的悬垂结构和水平的边缘很容易发生变形，这些部位添加的支撑与激光粉末床熔融工艺所用的支撑类似，相当于散热片起到散热的作用。在 EBM 工艺中，这种类型的支撑被称为“薄片支撑”。质量大的区域需要添加高密度支撑，与薄壁结构相比，这些区域有更多需要被传递出去的热量。与激光粉末床熔融工艺不同的是，这种类型的支撑不需要被连接到成型平台上，因为周围那些被部分烧结成块的粉末允许这种支撑直接打印。因此，EBM 过程比激光粉末床熔融过程所浪费的材料就要少。

（2）细节特征　通常而言，在摆放时需要将含有小细节特征的表面朝上且不能添加支撑。水平凸起较短或者悬垂结构伸出的距离小于 1mm 时也不需要添加支撑，但这种结构打印出来的下表面会很粗糙。水平凸起较长时就需要添加支撑，否则零件就会发生翘曲或过熔。对于打印的表面纹理，用于获得表面细节特征的后处理方式非常重要。如果考虑用机加工或喷砂处理，那么这些细节特征或边缘结构会变得更加完美。

（3）机加工余量　由于 EBM 加工得到的表面较粗糙，根据零件的摆放方向和表面粗糙度情况，可以添加 0.5 ～ 2mm 的机加工余量。与相对较光滑的上表面相比，粗糙的下表面和竖直面需要去除更多的余量，这样得到的表面才更加致密和光滑。因此，不同的区域需要添加和去除的余量也是不同的。

（4）镂空零件　EBM 打印的零件被埋没在半烧结状态的块状粉末中，这些粉末需要经过喷砂处理才能够被倒出来。多通孔的设计有利于利用喷砂或手工工具来清理零件内部的块状粉末。由于封闭的点阵制约了喷砂处理，残留在零件内部孔穴中半烧结状态的块状粉末无法被清理，因此开放的点阵设计更加适合于 EBM 工艺。利用半烧结状态的块状粉末作为支撑，可以在零件内部再次打印零件。

（5）重叠件　通过 EBM 工艺单批次打印多个零件时，可以将一些组件摆放在其他零件的上方以最大化利用成形空间。由于半烧结状态的块状粉末可以起到类似于支撑、热传导和防止热变形的作用，在零件上方再摆放零件时，就可以用尽可能少的支撑将零件与成型平台之间或零件与零件之间连接起来，避免大量的支撑设计。下面这张表格对比了 EBM 工艺和 SLM 工艺在设计规则上的不同之处。

特征类型	SLM	EBM
摆放方向	上表面 / 竖直面光滑，下表面粗糙	上表面光滑，竖直面 / 下表面粗糙
支撑角度	底部和表面与成型平台间的夹角小于 45° 时需要支撑	底部和水平面或容易过熔的区域需要支撑
壁厚	最小为 0.3mm	最小为 0.6mm
细节特征	小的细节特征应该朝上摆放，以避免支撑和粗糙的表面纹理	—
孔结构 / 管结构	竖直方向直径 >0.5mm，水平方向直径 <8mm 的不需要加支撑	直径在 0.5 ～ 2.0mm 之间的可打印，但粉末去除有难度
机加工余量	需添加 0.1 ～ 0.5mm 的加工余量	需添加 0.5 ～ 2.0mm 的加工余量
间隙	装配间隙 >0.15mm，零件间隙 >1.0mm	零件间隙 >1.0mm 的需考虑块状粉末的去除
镂空	最小壁厚为 0.3mm 的需添加粉末出孔	最小壁厚为 0.6mm 的需考虑块状粉末的去除
螺纹	在竖直方向上进行打印，需要攻螺纹和机加工	需要攻螺纹和机加工

10.2.3 特征类型：壁厚

最小壁厚 t	推荐最小壁厚 t	
0.6mm	1mm	

解释：

竖直方向可打印的壁厚为 0.6mm，但很难在其他方向以及大面积区域实现。推荐的安全壁厚为 1mm。长度较短时（如在晶格结构中），通过改变扫描策略可以打印壁厚为 0.3mm 的薄壁。但对于要承受分层或层偏置的结构则不适用。

在壁面交接处要进行倒角处理。

10.2.4　特征类型：竖直方向的槽和圆孔

水平圆孔最小直径 *h*	竖直圆孔最小直径 *v*	
0.5mm	1mm	φv φh

解释：

圆孔、槽或管等结构不管用什么样的角度进行 EBM 打印，其空隙部分都会被半烧结状态的块状粉末填充。这种块状粉末的存在可以使机器在不需要支撑材料的情况下就能打印不同直径的圆孔，但去除粉末比较困难，除非用喷砂或者手工工具对这些圆孔进行处理。这些在设计时就需要考虑到。

为了避免粗糙的表面造成孔径闭合，建议在竖直方向上设计的最小直径为 1mm，在水平方向上设计的最小直径为 0.5mm。当壁厚大于 2mm 时，竖直方向上圆孔的直径不能小于 2mm，水平方向上圆孔的直径不能小于 1mm。

10.2.5　特征类型：清除粉末所需的间隙

最小间隙		
水平方向 *h*	竖直方向 *v*	
1mm	1mm	h v

解释：

由于打印的零件被半烧结状态的块状粉末包围，需要预留出喷砂处理的通道，这样才能将间隙、圆孔和机构中残留的粉末清理出来。如果零件较复杂，那么就需要预留出更大的空间以便于将块状粉末清除出来。一般情况下，1mm 的间隙足够将成型平台上的零件进行热的隔离。

10.2.6　特征类型：螺钉和螺纹

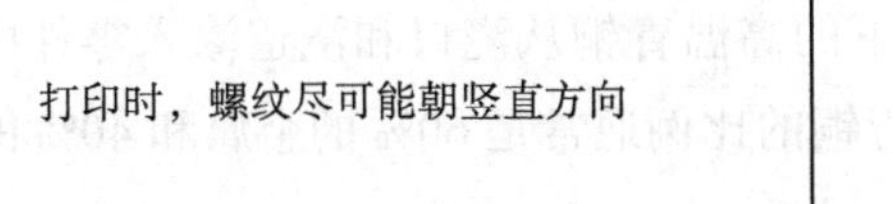 打印时，螺纹尽可能朝竖直方向	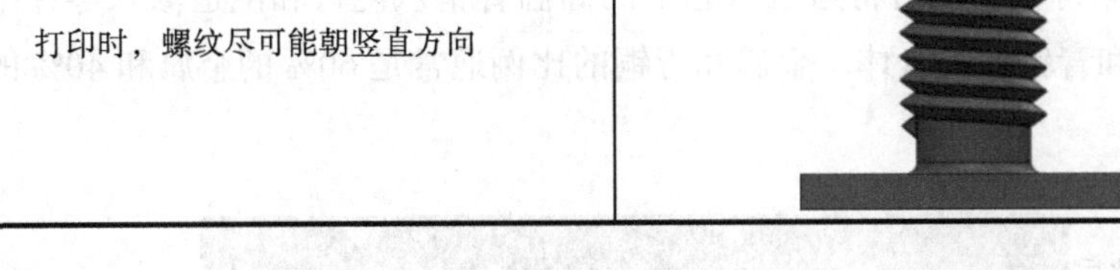

解释：

由于经过 EBM 加工处理的表面相对较粗糙，因此所有的螺纹都还需要进行攻螺纹和机加工处理。将凸台与墙体相接触的部位进行倒角处理，以防止发生应力集中。

习惯上将倒角的半径设置为厚度的 1/4。

10.3　基于金属黏结剂喷射技术的设计

金属黏结剂喷射技术是增材制造工艺的一种，其原理是利用黏结剂将每一层的金属粉末黏结成型。采用该工艺生产金属零件主要包含以下几个步骤：

（1）打印　打印机先在成型平台上沉积一层薄薄的金属粉末，然后用黏结剂或液体胶水将粉末黏结起来，重复这样的步骤直到完成整个零件的 3D 模型打印。

（2）坯体　当上述打印完成以后，零件处于易碎的“坯体”状态。形成零件的坯体是十分关键的，设计时需要使坯体在这个阶段能够经受得起一定的处理操作。

（3）细节尺寸　金属黏结剂喷射技术能够成型的最小特征尺寸约为 2mm。尽管比 2mm 更小的尺寸（如小到 1mm 的尺寸）该工艺也能够成型，但是成型后这种尺寸的部件十分脆弱，在进行后处理时容易受到破坏。这种小于 1mm 的特征尺寸通常应用在纹理和文本内容上。

（4）脱胶　打印完成以后，零件会被送到加热炉中进行脱胶处理。

（5）喷砂　可以通过压缩气体清理聚集在零件周围的松散金属粉末。清理时要注意压缩气体的喷嘴不能碰坏零件。

然后可以在下面两个工序中选择其一进行处理，以最终得到致密的金属零件：

（1）烧结　将零件放在加热炉中进行烧结，直至金属粉末颗粒被烧结到一起。

（2）熔渗　在打印时可添加浇口和浇道的设计，浇口和浇道可以为青铜的顺利熔渗提供通道。由于零件此时仍然是易碎的坯体，其周围包围的砂石可被看作是临时的支撑材料。然后将熔融状态下的高温青铜从浇口和浇道渗入零件中，从而形成金属和青铜的混合体。金属和青铜的比例通常是 60% 的金属和 40% 的青铜（图 10-1）。

图 10-1　金属黏结剂成型青铜熔渗工艺（由 ExOne 提供）

10.3.1　收缩

收缩高度依赖于零件的几何形状。一般来说，零件长度为 25 ～ 75mm 时，收缩比例为 0.8% ～ 2%，尺寸更大时收缩比例估计为 3%。经常会遇到不均匀收缩的问题，因此在设计阶段就需要与工艺工程师一起商讨方法。

10.3.2　零件致密度

金属黏结剂喷射技术形成的零件通常会有内部孔隙。通过青铜熔渗能得到 90% 致密度的零件，不锈钢经过烧结处理可以获得 97% 致密度的零件。

这意味着通过金属黏结剂技术成型的金属，其力学性能将低于基体材料或通过不同 3D 打印工艺成型（如粉末床熔融技术）的金属，但与注射成型技术成型的金属相当。

下表是利用 MBJ 技术成型的金属的性能比较。

性能	BJ 316 不锈钢（烧结）	BJ 316 不锈钢（青铜熔渗）	DMLS/SLM 316L 不锈钢
屈服强度 /MPa	214	283	470
断后伸长率 /%	34	14.5	40
弹性模量 /GPa	165	135	180
不经后处理的表面粗糙度值 /μm		*Ra*15	*Ra*15 ~ 50

10.3.3　最重要的设计准则

坯体是易碎的。设计中所有相关的部分都会受到这个因素的影响。

坯体都是易碎的，除非经过了青铜熔渗处理或烧结处理，否则不良的设计将会导致坯体在处理时被破坏。由于坯体的易碎特性，甚至对自身的有些结构都很难起到支撑作用。这种结构在打印时不会出现问题，但如果未经过强化就很难进行一些操作处理。因此，在设计时有必要引入一些加强肋，这样就可以允许对坯体进行一些操作处理（图 10-2）。

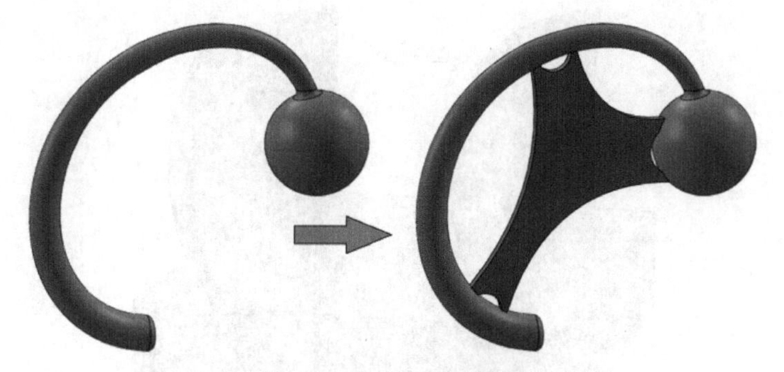

图 10-2　加强坯体的强度

上述设计准则同样适用于无支撑的大表面，这种大表面也需要引入加强结构，如点阵，来支撑大表面自身的重量（图 10-3）。

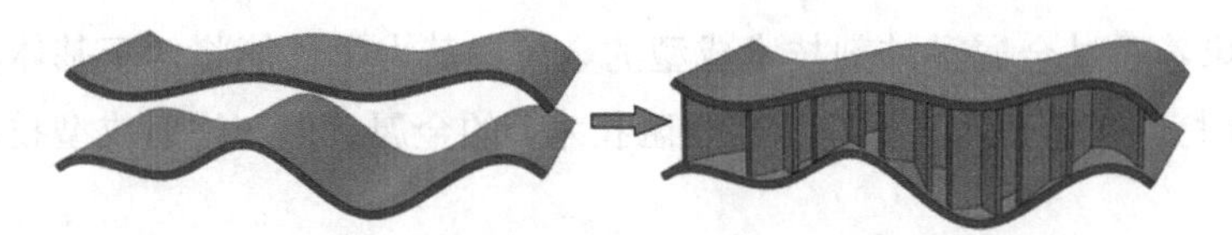

图 10-3　避免大面积无支撑的薄壁结构

图 10-4 所示为对同一零件的三种不同设计方案。

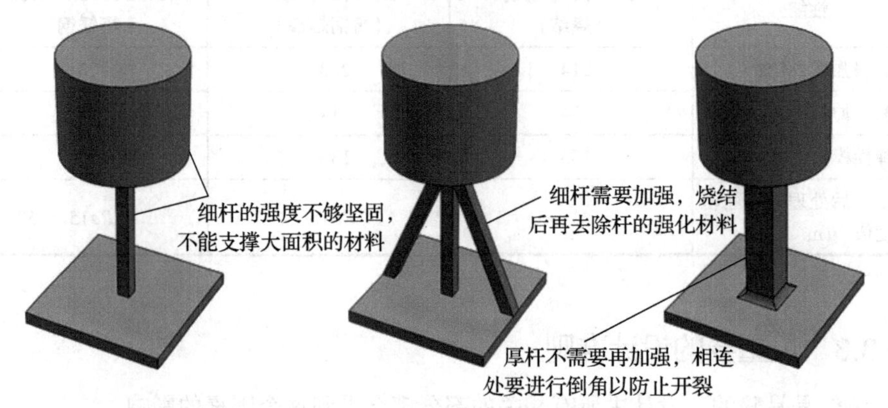

图 10-4　三种不同的设计（右边这种情况是 MBJ 工艺最容易实现的）

当模型处于坯体状态时，对其尖锐的外角和“刀口”进行清除粉末处理，后处理操作或加热时会使模型产生缺口和裂纹。为避免发生这种情况，可以对这些外角和“刀口”进行至少 1mm 的倒圆角处理。如果这些边缘仍然需要变回原来尖锐的特征，则可以在后续的后处理过程中实现（图 10-5）。

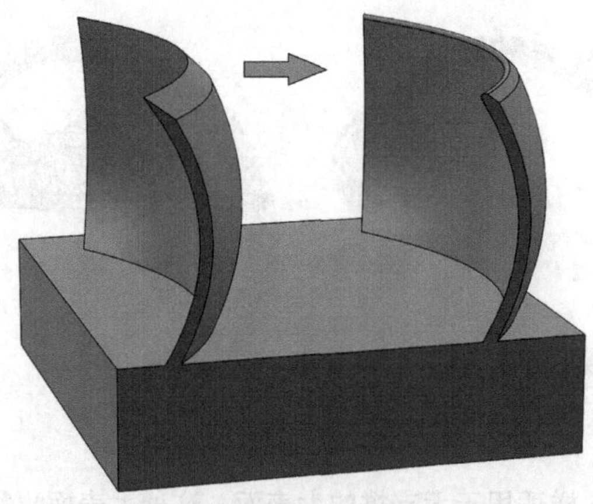

图 10-5　对所有的刀口进行倒圆角处理以防止开裂（在这个设计中，对顶部薄弱的尖锐刀口已进行倒圆角处理）

孔洞和内部拐角处容易产生应力集中，对这些区域进行倒圆角处理有利于避免应力集中，从而提高模型的整体结构强度（图 10-6）。

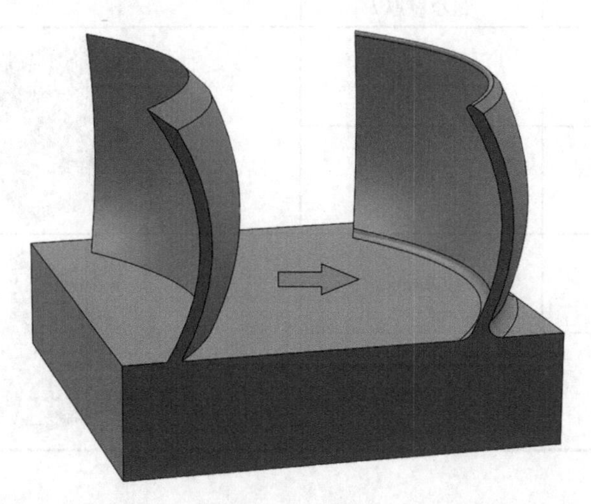

图 10-6　将所有内部拐角进行倒圆角处理以防止应力集中（在这个设计中，对薄弱的连接处已进行倒圆角处理）

如果模型各部分的连接点过于单薄，就无法正确渗透。材料数量急剧变化的几何模型（如从非常厚到非常薄的材料的设计）也容易出现断裂。模型中的连接部位应该平滑过渡，要保证足够的过渡面面积（图 10-7）。

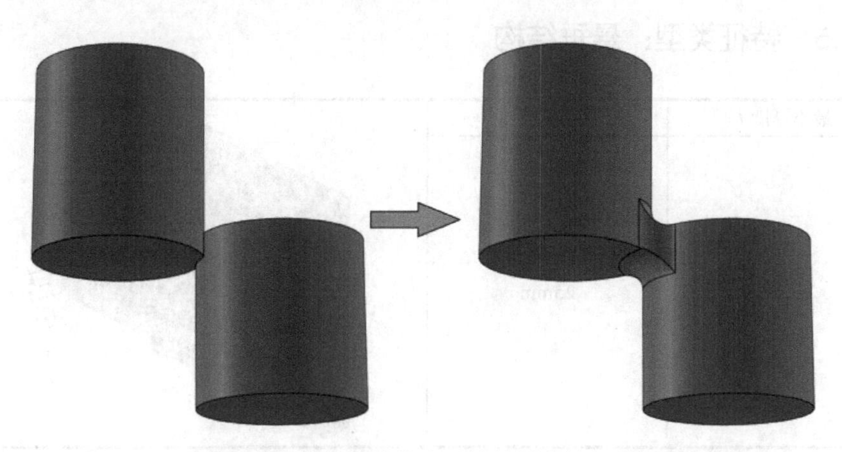

图 10-7　确保零件之间的连接件有足够的厚度并与零件形成渗透，有足够的强度进行操作处理

10.3.4　特征类型：壁厚

打印尺寸	最小壁厚 t
3 ～ 75mm	1.0mm 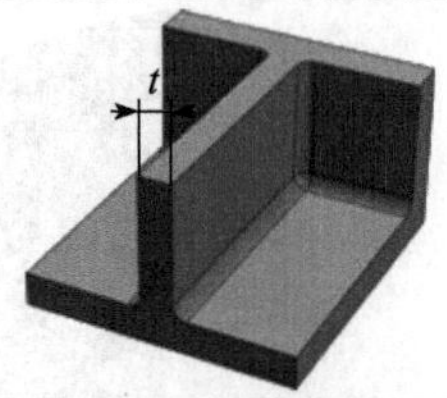
75 ～ 152mm	1.5mm
152 ～ 203mm	2.0mm 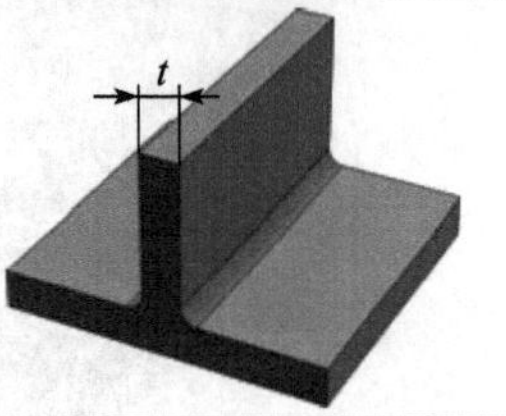
203 ～ 305mm	3.2mm

解释：

决定壁厚设计的主要标准是，零件在坯体状态时，是否有足够的强度经受得住操作处理。因此，具有防护设计的薄壁壁厚比没有防护设计的薄壁或者大面积薄壁的壁厚还要小。无支撑结构的薄壁壁厚大于有支撑结构的薄壁壁厚。

所有的内部拐角都要进行半径不小于 1mm 的倒圆角处理。

10.3.5　特征类型：悬垂结构

最小厚度 t	最小宽度 w
2mm	25mm 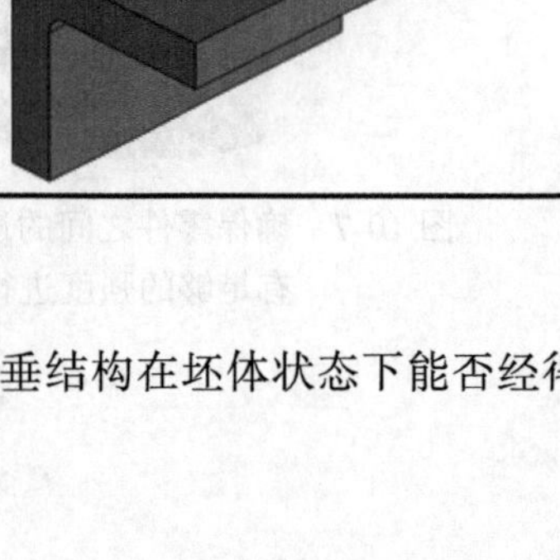

解释：

决定悬垂结构尺寸的主要标准是，判断悬垂结构在坯体状态下能否经得起被操作和处理。因此，具有防护的悬垂结构可以比没有防护的悬垂结构和大面积的悬垂结构设计得更薄。

所有的内部拐角都要进行半径不小于 1mm 的倒圆角处理。

10.3.6　特征类型：圆孔

水平圆孔最小直径 h	竖直圆孔最小直径 v	
2mm	1.5mm	

解释：

建议在竖直方向上设计的圆孔最小直径为 1.5mm，在水平方向上设计的圆孔最小直径为 2mm，这样可以确保圆孔不会因为打印的粗糙表面和材料的渗透而封闭。当圆孔贯穿 2mm 左右的薄壁时，小到直径为 1mm 的圆孔也能够顺利地被打印，但这要根据具体的几何形状而定。

当壁厚超过 3mm 时，竖直圆孔的直径通常不小于 2mm。

10.3.7　特征类型：溢粉孔

溢粉孔最小直径 d	
5mm	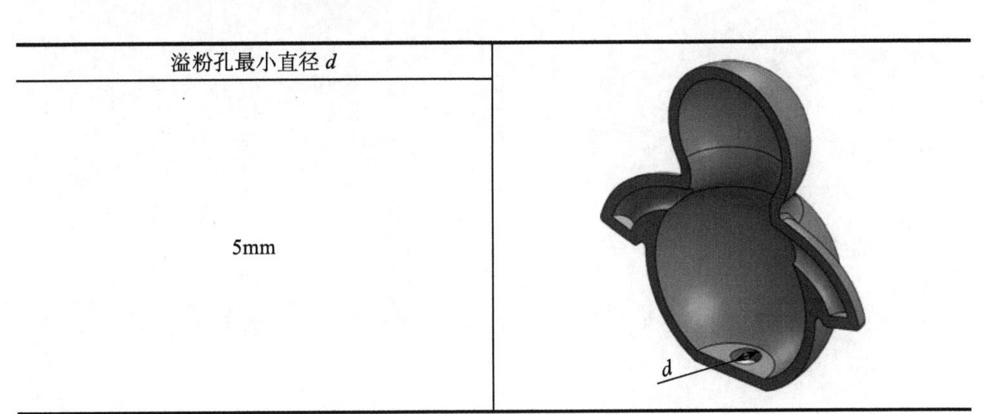

解释：

如果打印的是完全镂空的零件，那么零件内部就会被松散的粉末填充。这些粉末在熔渗和烧结时会引发很多问题，因此需要将其去除。为了在打印后能去除这些粉末，在设计时需要引入溢粉孔。溢粉孔的直径应设计得尽可能大，以确保尽可能多地去除粉末。通常而言，溢粉孔的直径至少为 5mm，且数量至少为两个，其中一个溢粉孔用于通入压缩气体，另一个用于粉末的溢出。对于比较薄的零件，直径小到 1mm 的溢粉孔也能被打印出来，但要花费很长的时间来清除其内部的粉末。

Chapter11 第11章

增材制造其他注意事项

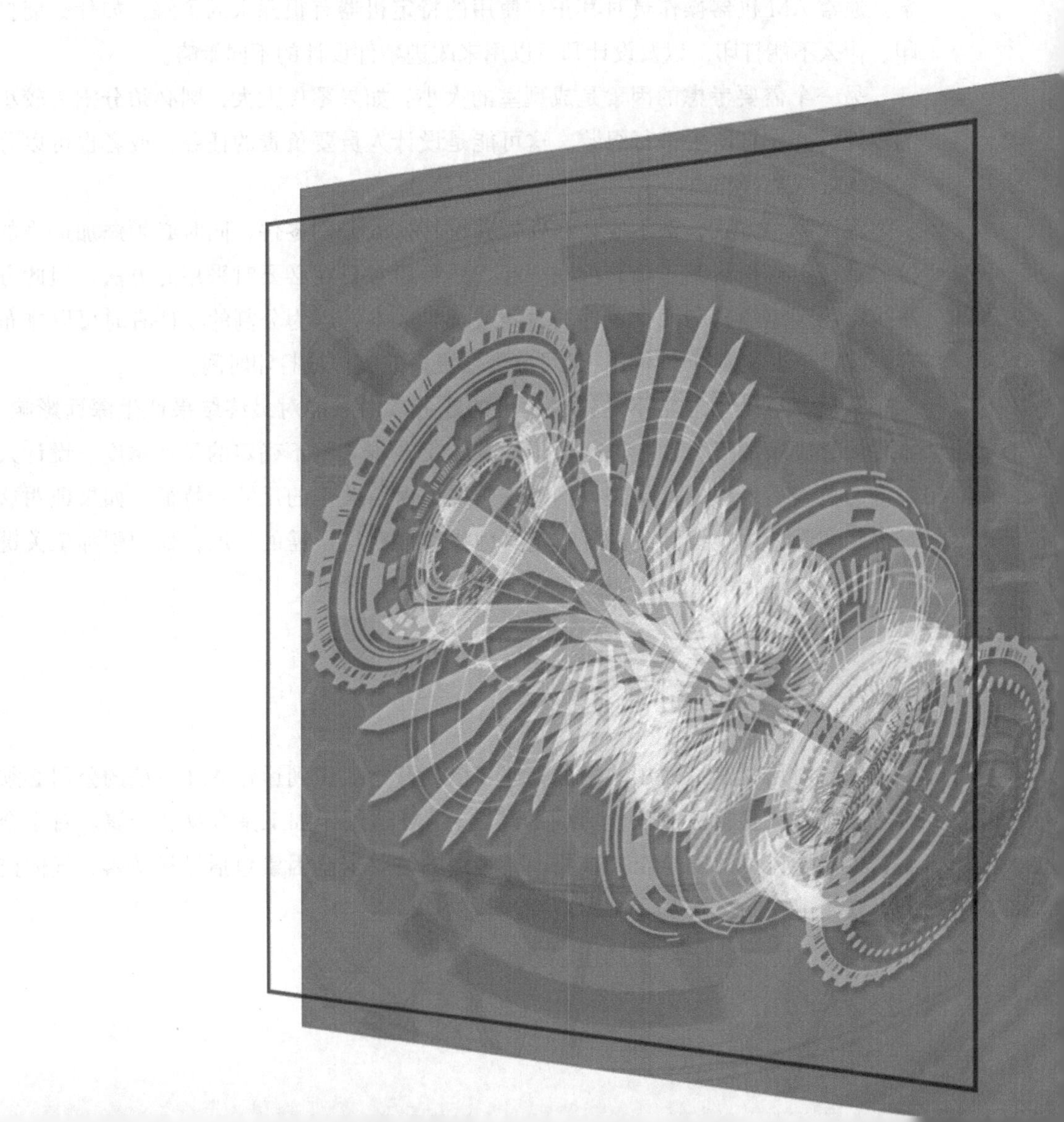

本章介绍的内容通常不受设计人员的影响，但会影响最终产品的质量。

11.1 设计师与机器操作员的合作

如上一章所述，成型方向是决定打印产品质量非常重要的因素之一。某些设计特征在特定方向上更易于打印，具有更好的强度，且需要更少的支撑。但是，不同设计特征的打印需求有时可能会产生冲突。

因此，AM 机器操作员和设计人员需要密切合作以达成令人满意的最优折中方案。通常 AM 机器操作员对其正在使用的特定机器有很深入的了解，如什么能打印、什么不能打印，以及设计师可以用来改进零件设计的不同策略。

另一个需要考虑的因素是成型室的大小。如果零件太大，则必须分割为较小的零件，并在打印后进行组装。这可能是设计人员要负责的任务，或者也可以分配给 AM 机器操作员。

无论哪种方式，都不应该在任何关键特征处分割零件，同时必须添加适当的位置特征以确保将其正确装配在一起。尽管通常只在必要时采用此方法，但此方法也可用于缩短打印大型零件的时间或减少成本，因为分割的零件有时可以排布在一起以减少整体打印体积，但可能需要更多的支撑或打印时间。

最后，后处理通常不是设计人员的任务，但可能对最终结果产生深远影响。零件的过度精加工可能会进一步降低 AM 工艺本来就不确定的尺寸精度。设计人员应与负责后处理的人员进行沟通，以确保保留关键的尺寸和特征。如果证明这是不切实际的，则设计人员应指定其他操作以获得所需的精度，如切削加工关键特征。此方法需要在 CAD 模型中增加额外的加工余量。

11.2 健康与安全

随着对增材制造使用的增加，业界已经开始意识到运行 AM 系统的公司必须考虑 AM 有许多健康和安全方面的问题。AM 适用于加工聚合物和金属。对于金属，机器操作员的安全至关重要，要考虑的主要安全因素包括材料暴露、气体监测、气体排放、物料搬运和爆炸危险。

11.2.1　材料暴露

金属在增材制造中的使用正在增长，了解人体暴露于粉末金属中的风险是非常重要的。在增材制造行业，粉末的平均粒径在 25 ～ 150 μm 之间，需要特殊的搬运和存储手段。金属毒性是一个现实的威胁。人体无法轻易代谢大多数金属粉末，由于暴露于金属粉末，金属在体内累积会迅速达到毒性水平。因此在处理金属粉末和任何其他可能有毒的增材制造材料时，工作人员应始终穿戴有质量保障的防护装备和呼吸面罩。

11.2.2　气体监测

任何使用激光熔化的机器都可以使用无色无味的气体来置换氧气，通常是氩气或氮气。

一些公司将这些机器安装在具有足够开放空间的生产车间，而其他公司则将其放置在较小的房间中，这可能会造成隐患。建议在所有放置这些机器的地方安装氧气传感器，以连续记录房间中的氧气水平，并在氧气水平降至安全最低水平以下时发出警告。

11.2.3　气体排放

用户需要考虑如何处理废气。一些机器在打印时会排出危险气体，需要将其连通到建筑物外部进行通风或排入专用气体排放储气罐。

安全培训应涵盖挥发性有机化合物和无机化合物的除气和管理。有时也需要使用木炭洗涤器。

公司应与系统供应商一起制订空气质量管理计划，或咨询专业组织以制订降低风险的策略。台式聚合物 3D 打印机也可能散发危险或恶臭气体，应在通风良好的区域使用该机器或通过使用某种排气系统进行通风。

11.2.4　物料搬运

大多数制造车间处理的都是块状物料。金属 AM 处理粉末，而粉末形式的金属可能具有爆炸性，因此需要考虑怎么存储它。增材制造过程中也会产生一些废料，尽管没有很多粉末废料，也应决定如何处理它们。每个公司都需要制订输送、搬运和存储程序，以完成其工厂安全计划。例如，不应将活性金属（如铝和钛）存放在水基防火（洒水）系统的房间中。

11.2.5 爆炸危险

金属粉末可能会爆炸。在涉及粉末金属的工艺过程中，静电是一个潜在的隐患。当静电电弧可以点燃粉末时，金属被认为是活性的，必须格外小心。由于静电会引起火灾，因此在AM操作区域附近灭火器的类型很重要。大多数公司已经准备好了A、B和C类灭火器，但是易燃的AM金属需要D类灭火器。

11.3 增材制造零件认证

将增材制造引入关键应用面临着一些挑战。这是因为，对于此类关键应用，我们需要保证所生产零件的质量和稳定性。

关键应用的示例可以在商业、军事航空、载人和无人太空以及医疗应用中找到。此类应用通常需要通过某种形式的认证才能确定其是否适合服务，并且通常具有严格的质量和可追溯性要求。

通过AM的设计可以将许多零件合并为一个更复杂的零件。从认证的角度来看，这可能意味着只需要认证一个零件而不是认证多个零件，以及将它们进行连接所需的过程（图11-1）。

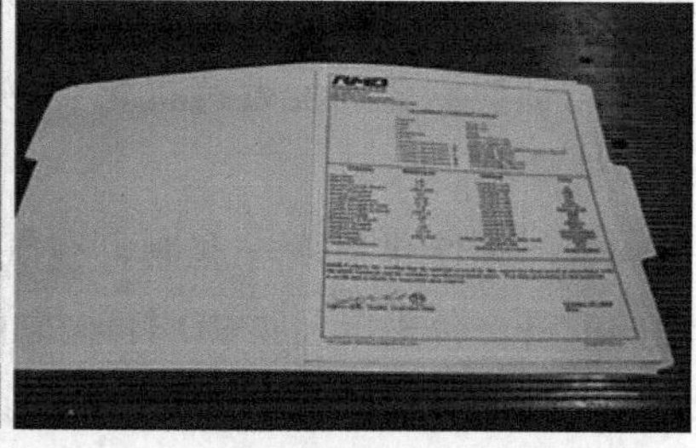

图11-1 传统制造认证文件与增材制造认证文件的比较
（由RMB产品制造部的Chris Glock提供）

打印的模型可能需要尝试各种打印方向和不同的打印参数，并进行多次迭代才能使打印的零件满足设计规范。若需要将设计的模型转换到其他机器类型中打印，考虑到尺寸和能量类型等发生变化，则这个迭代过程可能需要再来一次。

需要认证什么？

根据零件的类型和所采用的标准，AM 零件的认证过程由许多元素构成，包括：

公司。

材料。

机器。

在成型平台上的打印位置。

打印方向。

所有打印参数。

后处理。

有时必须打印试件以进行破坏性验证。

认证通过后，每个生产参数都是固定的，任何的偏差都需要进行额外的测试。

通常，有三种不同的资格认证途径：

（1）基于统计的资格认证　需要大量且昂贵的经验测试。

（2）基于等效性的资格认证　通过适度测试来证明新材料或新工艺等同于先前合格的材料或工艺。

（3）基于模型的资格认证　通过计算机模型和最少的测试来验证材料或过程的性能。对于 AM 来说，这项技术还不成熟。

当前市场上有一些现有的认证准则，能够帮助制造商和最终用户确保零件安全、可靠且稳定。劳埃德（Lloyd）注册的《增材制造产品计划》等认证计划向客户证明使用《金属零件增材制造指南》能确保其零件符合现有制造方法和标准。通过这些测试的公司将获得 LR 认证，这意味着最终用户知道订购的任何零件对于他们的特定应用都是安全的。

第 12 章 Chapter12

后 处 理

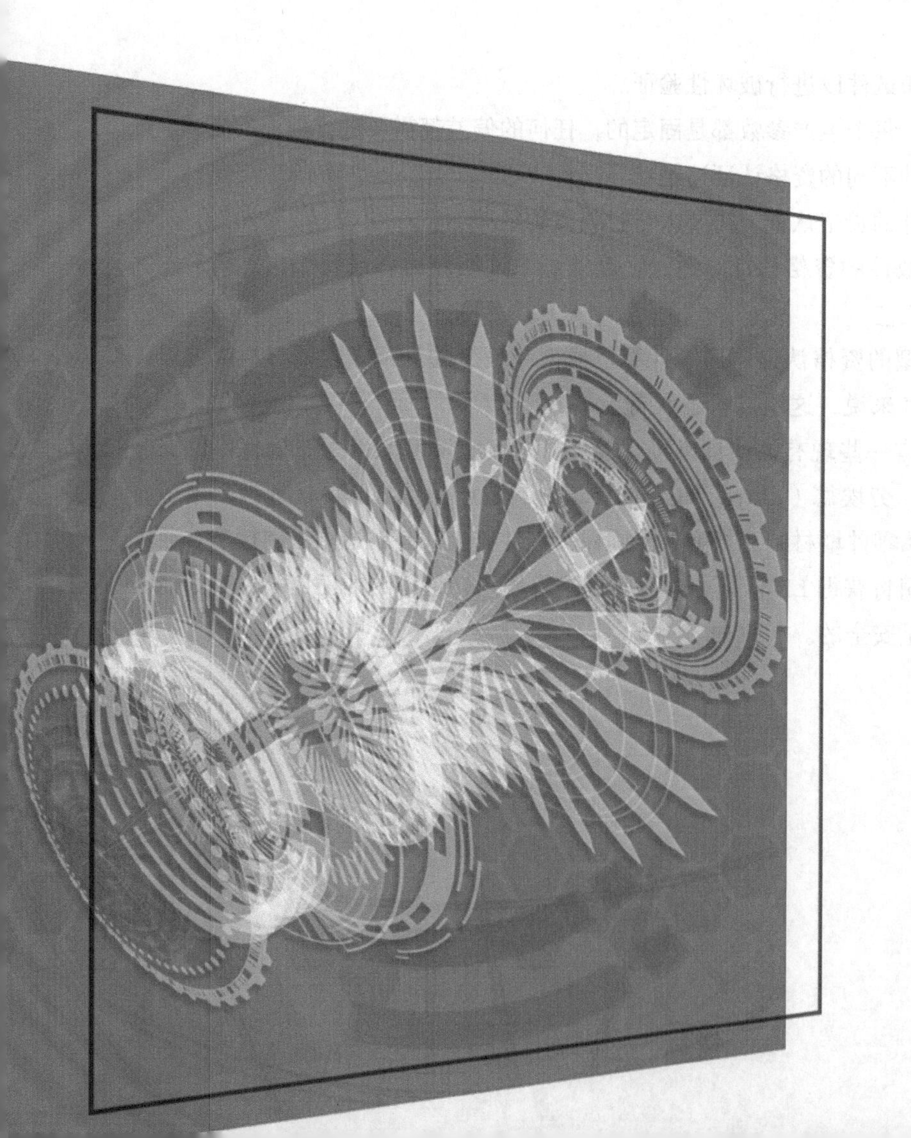

所有增材制造（AM）技术都需要后处理辅助才能生产可用的零件。后处理的范围包括去除支撑材料，表面质量处理、着色和喷漆，以及聚合物零件的再固化处理和金属零件的热处理。目前，虽然后处理领域有大量的知识可以应用在增材领域，但是关于不同增材制造技术和材料的各种后处理方法的文献却很少。这导致公司必须耗费大量时间独自学习和开发各种后处理方法。而本章的目的就在于纠正此问题。

下表介绍了增材制造的整个流程，包括前处理和后处理。需要注意的是，步骤有时会有所不同，具体顺序取决于应用、材料和所使用的增材制造系统以及零件的特定要求。

金属粉末床熔融	聚合物粉末床熔融	材料挤出	立体光固化	黏结剂喷射
检查打印文件质量并在必要时进行修复	检查打印文件质量并在必要时进行修复	检查打印文件质量并在必要时进行修复	检查打印文件质量并在必要时进行修复	检查打印文件质量并在必要时进行修复
通过在成型平台上排布零件和添加支撑来准备打印工作	通过在成型平台上排布零件来准备打印工作	通过在成型平台上排布零件和添加支撑来准备打印工作	通过在成型平台上排布零件和添加支撑来准备打印工作	通过在成型平台上排布零件来准备打印工作
清洁AM系统	清洁AM系统	清洁AM系统	清洁AM系统	清洁AM系统
预热成型室	预热成型室	预热成型室		预热成型室
打印	打印	打印	打印	打印
从成型室中卸下成型板	查找并从粉末床中取出零件	从成型室中取出零件	排放和/或回收未使用材料（若还适用）	查找并从粉末床中取出零件
清除松散的粉末并回收利用	回收剩余粉末	去除支撑材料	从成型室中取出零件	回收剩余粉末
热应力释放	喷砂以去除零件表面粉末	表面处理：打磨、蒸气平滑、涂漆等	去除支撑材料	喷气以去除零件表面粉末
从成型平台上卸下零件	表面处理：滚筒磨光、打磨、染色、涂漆等	检查	在紫外线室中进行后固化	必要时烘烤零件
热等静压	检查		表面处理：打磨、蒸气平滑、涂漆等	渗透增强
拆除支撑结构			检查	表面处理：打磨、涂漆等
热处理				检查
表面处理：喷丸处理、磨料流加工等				
检查				

12.1 去除支撑材料

12.1.1 聚合物

1. 材料挤出

在材料挤出技术中使用支撑材料的形式主要有以下三种：

- 与打印零件相同的聚合物材料用作支撑　在这些系统中，用作支撑体的聚合物材料的成型密度比零件低一些。支撑与零件仅仅进行点接触。可以使用手动工具通过机械力的方式去除支撑材料。这种支撑材料形式通常见于桌面级 3D 打印机（图 12-1）。

图 12-1　支撑与零件的材料相同

- 分离式支撑　支撑与零件采用不同的聚合物材料。使用手动工具通过机械力去除支撑材料（图 12-2）。

图 12-2　有分离支撑材料的零件

- 可溶性支撑　可以使用适当的溶剂溶解该支撑。但是，可能要花几个小时才能把支撑溶解完，特别是当细小的长管中有支撑时，溶解速度更是有限。如果打印的零件有些地方容易破碎，则最好使用可溶性支撑，若采用机械力来去除支撑易损坏零件（图 12-3）。

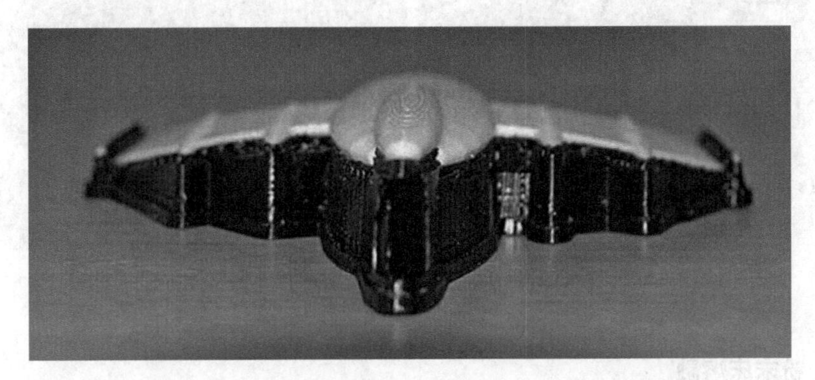

图 12-3　有可溶性支撑材料的零件（由 Joris Peels 提供）

2. 立体光固化

立体光固化系统中支撑部分与打印零件所用的原材料相同：立体光固化工艺中，通常采用树状支撑，其中树枝与零件接触并对其进行支撑。支撑与零件也仅进行点接触。打印出的支撑也是使用手动工具通过机械力的方式进行去除。

从打印机中取出部件后，大多数立体光固化系统成型的部件都要放在紫外线烘箱或自然光下完成固化。通常需要在照射固化前取下支撑，并打磨零件，因为这个时候材料还略软，更容易取下（图 12-4）。

图 12-4　立体光固化部件上的支撑材料（由 www.3dhubs.com 提供）

3. 材料喷射

材料喷射系统使用蜡状材料作

为支撑材料。根据系统的不同，可以选择使用喷水系统将支撑材料冲洗掉，或者将其加热融化（图 12-5）。

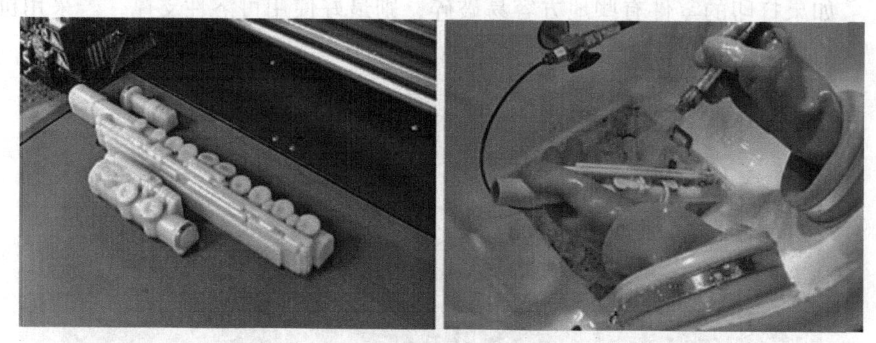

图 12-5　带有喷水蜡支持材料的材料喷射部件（由 Zoran[6] 提供）

4. 粉末床熔融

聚合物粉末床熔融技术是少数不需要支撑材料的工艺之一。因为包围熔融粉末的未熔融粉末可以作为支撑。打印过程完成且零件冷却后，将其从粉末“蛋糕”中挖出，并用空气和砂子（或粉末）的混合物进行喷砂以清理零件。该过程类似于考古学家从挖掘现场挖出零件（就像从考古挖掘现场去除黏土或泥土一样，但实际上粉末床内的粉末更容易去除）。

喷砂时，应注意零件不要太靠近喷砂嘴，否则砂子可能会轻微“灼伤”零件并留下褐色痕迹。激光烧结零件特别容易受到影响，因为它们通常由白色粉末制成。但如果能使用有色粉末或定影剂，像多喷嘴熔融工艺一样打印深褐色部件，就不容易出现这样的问题。

使用聚酰胺粉末代替砂子进行喷砂处理可以避免此问题。由于聚酰胺粉末的研磨能力比砂子要小得多，因此零件的清洁时间可能会稍长一些（图 12-6）。

由于未烧结的聚合物粉末在打印过程中会产生“结块”，因此很难从长而细的管道或孔中去除粉末。可以在管道上留出清理孔，以方便去除其中的粉末。然后使用气枪轻松地将粉末从管道中吹出来（图 12-7）。

12.1.2　金属

去除金属零件的支撑材料具有挑战性，并且需要大量时间。这就是为什么面向增材制造设计出的金属零件需要减少支撑数量。再次重申，用金属进行打印真的很不容易。在零件打印之前和打印之后都需要做大量的工作，并且需要对打印过程的本身有很好的了解。

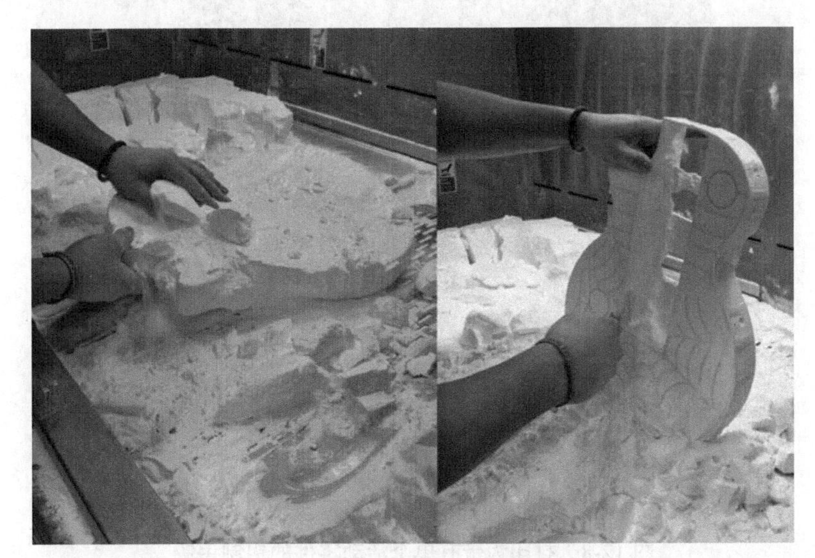

图 12-6 从粉末“蛋糕”中取出零件

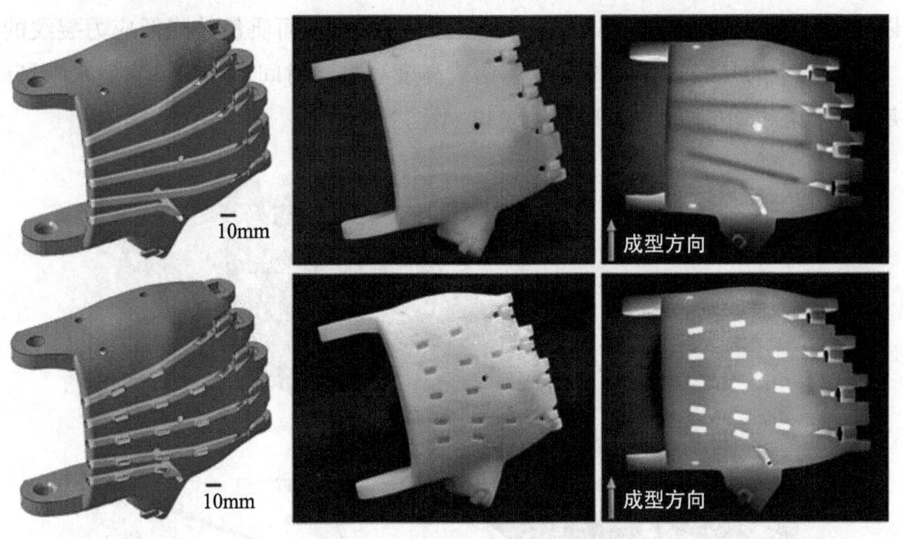

图 12-7 设计有清理孔的零件，使零件清粉变得更容易（由 Ben Weiss 提供）

例如，图 12-8 所示的手镯可以很好地展示金属增材制造的优势。但是直到人们了解其背后的工作后，才知道证明金属增材制造的经济价值是多么困难。

图 12-8　打印为带有单个活动零件的铝制手镯

打印图 12-8 所示每个手镯的时间约为 10h。打印时间相对较长的原因是，腕带以 45° 的角度进行打印，这样可以改善其底面的表面质量并降低应力裂纹的风险。但是不幸的是，这样会增加总体构建高度和打印时间。如果将它们水平打印，则每个手镯的打印时间将减少到大约 3h（图 12-9）。

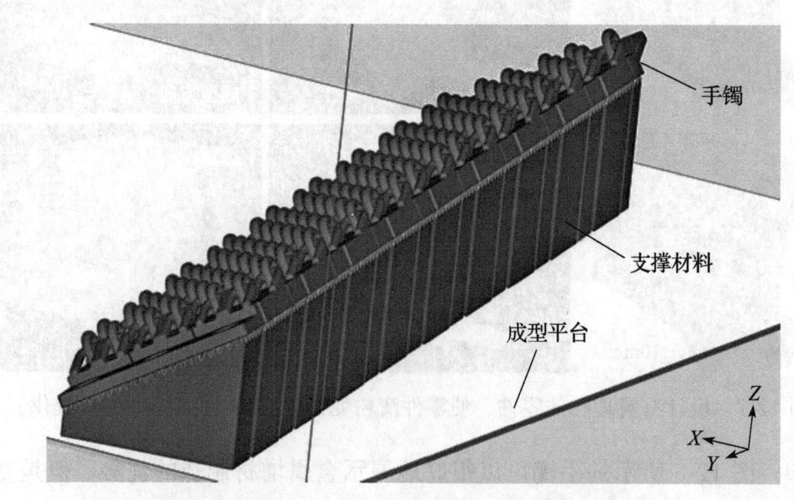

图 12-9　调整手镯打印方向以获得最佳表面质量

下表显示了在达到可接受的质量之前，将手镯经过各种后处理步骤所需的时间（图 12-10）。

从成型平台取下零件并去除支撑	用砂光机粗抛表面	用玻璃珠喷砂	抛光
30min	30min	5min	4 ~ 5h

图 12.10 手镯不同后处理步骤的进度

1. 打印完成后

在金属增材制造工艺中，整个零件都是焊接在成型平台上的。第一步是对零件进行热处理以去除残余应力，否则当零件从平台上卸下时就会发生变形。12.5 节将对此进行更详细的讨论。

2. 从平台上卸下零件

热处理后的第一步是从成型平台上卸下零件。这个过程通常采用电火花线切割技术或使用锯来完成（图 12-11）。

图 12-11　铝制吉他从打印机中取出后，仍将其焊接在一起，然后将多余的粉末吸走并进行热处理

因此，在设置打印文件时，通常将零件定位在底板上方 2 ～ 5mm 处。如果用电火花线切割卸下零件，考虑到切割线宽度对零件材料切削消耗的影响，就需要预留 2mm 的高度进行切割；如果使用锯卸下零件，考虑到锯条宽度对零件材料切削消耗的影响，就需要预留 5mm 的高度进行切割（图 12-12）。

图 12-12　用锯子将铝制吉他从成型平台上切下

通常，用锯子移除零件的速度更快，但使用电火花线切割加工更为精确。而且电火花线切割还具有可以在切割时提高零件底面质量的优点，也可以将其用于加工成型平台的上表面，这样就能以最小的代价重新使用它，而使用锯将需要对成型平台的顶面重新进行加工。

但是，在选择使用电锯还是电火花线切割机时，另一个需要考虑的因素是零件内部是否残留有粉末。由于电火花线切割在加工过程中需要使用电介质液体，如果零件内部任何通道仍填充有粉末，则该液体很可能会渗入零件内部的粉末中，将其变成糊状，导致粉末很难再被去除。因此，如果使用电火花线切割，最好在开始加工之前，确保已清除掉零件内部的所有粉末。

3. 去除支撑材料

接下来的一步是去除支撑的繁重任务。如果零件设计良好，并且只在底部有支撑，则可以通过电火花线切割将其快速去除。然而，在大多数情况下，其余的支撑都需要通过手工去除。这可能是一个很耗时的过程。使用手动工具通过机械力去除金属AM零件的支撑，有时需要很大的力才能将其折断（图12-13）。

图12-13 必须从铝制吉他上取下的支撑

除去所有支撑后，必须通过砂磨、磨削、喷丸处理以及机械加工等方式对零件进行适当的表面处理（图12-14）。12.2节将对此做进一步讨论。

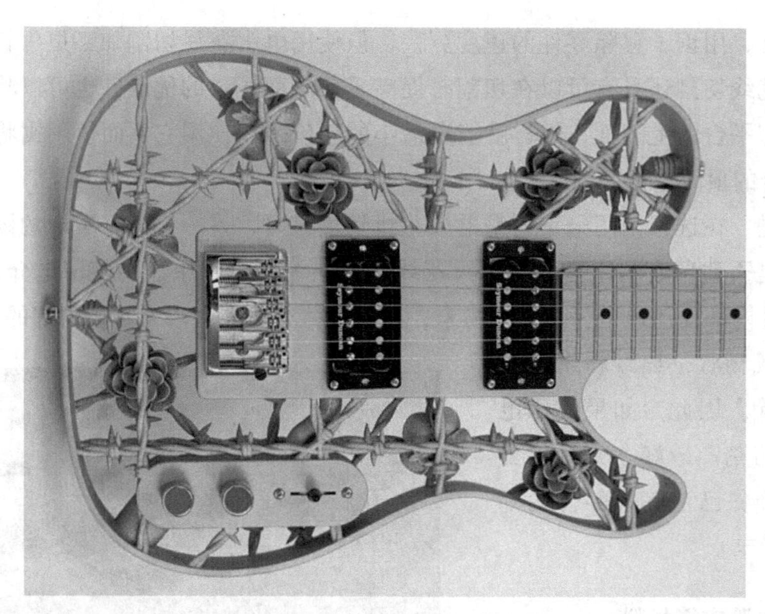

图 12-14　AM 制造的铝制吉他

下表显示了生产上述铝制吉他所需的每个前处理和后处理任务所需的时间。

任务	时间 /h
打印文件准备	2.5
机器准备	2
打印	9
机器清洁	2
应力去除	3
冷却	30
从成型平台上卸下零件	15
支撑去除	4
表面处理（锉、打磨、喷丸）	4

12.2　聚合物表面处理

12.2.1　蒸气平滑

蒸气处理　通过溶剂溶解打印零件表面材料的方法来实现表面光洁的处理效果。这种处理是通过蒸发溶剂并让蒸气充分溶解零件的外表面以使层纹消失来完成的。对于 ABS，丙酮可以作为溶剂。氯仿可以用于 PLA 的溶解。谨记，使用这些化学药品时应格外小心（图 12-15）。

图 12-15 经丙酮蒸气平滑的 ABS 零件（由 Andrew Sink 提供）

通过加热流体，将形成带有少量溶剂滴的蒸气。这些溶剂将慢慢沉积在打印零件表面上，并开始溶解塑料的外层。如果溶解时间合适，就可获得非常平滑的成品零件，其表面质量类似于注塑件。但是，应该注意的是，在溶解零件的外表面时，其尺寸精度将受到该过程的影响。

为了实现蒸气平滑，最简单的方法是使用一个广口瓶，在广口瓶的底部放一些溶剂，然后将零件悬挂在溶剂上方。即使在室温环境温度下也可以进行，因为溶剂在缓慢蒸发的过程中将覆盖零件表面并溶解其外层。如果使用加热板或 3D 打印机的加热床，则将大大加快这一溶解过程。

蒸气处理的时机很关键。由于零件留在蒸气中的时间越长，塑料表面溶解得就越多。从蒸气中取出零件后，溶解还会持续几分钟。确切的时间很难指定，因为它很大程度上取决于所使用的 ABS 或 PLA 的品牌以及零件的几何形状。一般通过对测试零件进行不同时间的定时溶解测试来获得准确的蒸气时间。

与将打印零件浸入溶剂相比，蒸气处理的优势在于溶剂能均匀地分布在打印零件上。这时零件表面处理能获得更加一致的结果。材料挤出过程在某种程度上会产生很多孔，因此将零件浸入溶剂后会有部分溶剂残留在孔里，即使将零件从液体溶剂中移出后，零件在一段时间内依然在进行溶解，直到孔内的溶剂消耗完为止。

使用诸如丙酮和氯仿之类的液体是有风险的，只有在清楚如何使用这些材料的情况下，才能使用这种方法。

- 丙酮蒸气扫描会引起刺激或肌肉无力，并且这种蒸气高度易燃，因此请将其置于远离火源的位置。
- 氯仿释放的蒸气会刺激眼睛、皮肤或呼吸道，这种蒸气也可能引起头晕。
- 务必将剩余的溶剂放在化学箱中。

12.2.2 滚筒磨光

滚筒磨光（也称翻滚）是一种批量精加工制造的工艺，用于对 AM 零件进行去毛刺、倒圆角、去氧化皮、打磨、清洁和增亮的处理。此工艺也适用于大多数 AM 技术。

要进行批量处理操作，则要将特殊形状的介质颗粒和 AM 部件放入滚筒中，然后进行旋转或振动。有多种类型的翻滚系统，包括振动翻滚、旋转翻滚、滚筒精加工和离心滚筒精加工等。移动动作使介质与 AM 零件产生摩擦，逐渐将零件表面磨平以达到需要的效果。它有两种工艺方法，即干法和湿法。

翻滚是一个与时间有关的过程，零件在滚筒中的停留时间越长，其被磨掉的越多（即越光滑）。对于激光烧结零件，典型的翻滚时间为 3 ～ 6h，具体时间取决于所使用的研磨介质（图 12-16）。

图 12-16 滚筒磨光的 AM 零件示例（由 Duann Scott 提供）

值得注意的是，滚筒磨光实际是一种研磨过程。因此随着零件的有效磨损，零件的精度也会受到影响。零件的尖角部分也会变得略圆。

12.2.3 染色

染色是一种非常好的将颜色施加到聚合物粉末床熔融零件上的技术。几乎可以使用任何合成类服装材料的染料或皮革染料。在大多数情况下，只需按照每种特定类型染料的说明进行操作即可（图 12-17）。

图 12-17　染色零件样品色样示例（由 Midwest Prototyping 提供）

颜色的色调在很大程度上取决于零件在染料中保留的时间。对于大多数合成服装的染料，一般在 80 ～ 100℃的温度下进行染浴，连续不断地搅拌 45min 左右才能获得良好的颜色。零件停留在染料中的时间越长，颜色就会变得越深。不断搅拌染料也很重要，否则零件上最终会出现深色和浅色的斑点。

12.2.4　涂漆

涂漆同样适用于所有 AM 技术，并且是聚合物 AM 零件最常见的表面处理工艺之一。该过程与任何其他形式的绘画非常相似。

零件表面必须通过打磨尽可能地做好前处理。与其他任何形式的印刷表面处理一样，涂漆之前通常先使用相对较粗糙的砂纸（约 120 目）进行打磨，然后依次采用 240 目、400 目和 800 目等更细的砂纸进行打磨。最后，为达到表面光滑的效果，根据需要可以施加多层底漆涂料，并在每层之间进行打磨操作。表面质量准备得越好，最终结果就会越好。在某些情况下，如果零件的表面粗糙度非常糟糕，或具有非常明显的“阶梯效应”，为了更快地获得好的底漆涂层，则可以先在零件上涂一层汽车车身填充剂然后打磨掉，再去做底漆打磨的工作。

一旦表面处理光滑，就可以上色了。通常又需要涂若干层染料，然后再涂几层清漆，以保护零件并使其具有良好的光泽度。

通常，使用丙烯酸汽车涂料能得到出色的底漆效果。某些AM技术，如大多数材料挤压技术，与其他技术相比，其需要更多的打磨和底漆涂层的加工过程，以改善零件的表面质量。更好的方法是，使用哑光的或带有色颗粒的透明涂层作为最后一层，这可以效仿许多注射成型零件的表面质量。当然也可以使用光泽清漆，但可能需要进行额外的切割和抛光，以及使用标准的车用研磨剂，以达到光滑镜面的效果（图12-18）。

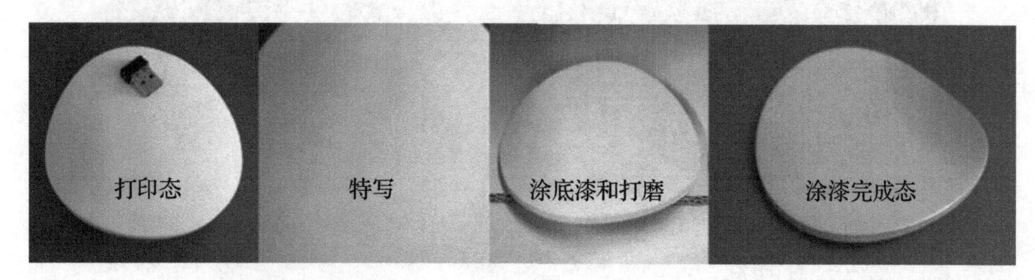

图12-18 粉末床熔融工艺零件示例。但是，同样的过程也适用于任何其他AM技术（由Antu Gortari和Sculpteo提供）

12.2.5 表面纹理化

令人惊讶的是，将3D纹理（如皮革、鲨鱼皮和编织图案等）应用于零件的表面可以隐藏很多阶梯效果，而这些阶梯效果在没有纹理的情况下清晰可见。即使在零件柔和弯曲的部分上，纹理也可以使台阶几乎完全消失。该技术在聚合物粉末床熔融零件上应用时特别有效（图12-19）。

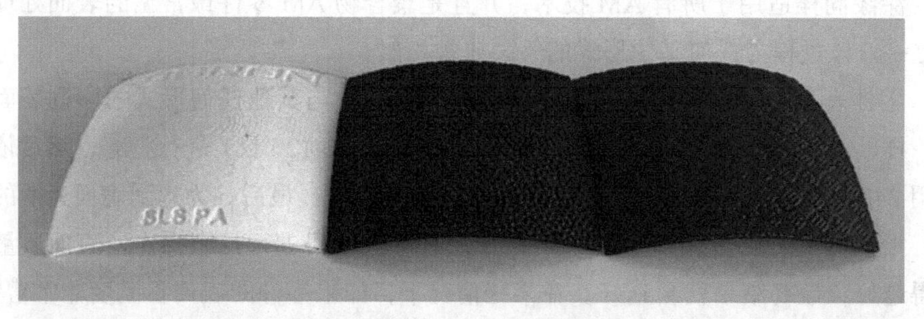

图12-19 对零件的曲面进行纹理化处理几乎可以完全消除阶梯效应。左侧部分清楚地显示了台阶，而纹理部分没有

现在有几种软件包（如Materialise 3-matic和Z-Brush等）可以将真实的3D纹理添加到零件的表面，但是必须注意添加到软件中的文件不能太大，否则会导致

其无法处理，特别是需要将文件转换为STL格式的时候。

12.2.6 喷砂

喷砂或介质喷砂是在高压下强制将砂流推向零件表面，从而使粗糙的表面变光滑、光滑的表面变粗糙、成形表面或去除表面污染物。在增材制造的背景下，它主要用于加工粉末床熔融生产的零件，作为去除黏附在零件表面粉末的技术。

由于喷砂是一种研磨过程，因此应注意喷砂时零件不要太靠近喷嘴。否则，砂子可能会轻微“灼伤”零件并留下褐色痕迹。通常的建议是将零件与喷嘴保持大约30cm的距离。在许多情况下，可以用使用过的聚酰胺粉来代替砂子。用聚酰胺粉末本身进行喷砂处理，可以避免砂子引起的烧伤问题，但是清洁零件需要花费更多的时间。

12.2.7 机加工

在许多情况下，如果需要达到工程质量的表面粗糙度或精度要求，则手动或CNC机床加工可能是实现这一目标的唯一方法。除了在加工一些通过AM工艺生产的各向异性比较严重（层间结合强度弱）的零件（如材料挤出技术加工的零件）需要格外小心同时降低加工速度外，机加工和其他聚合物的加工技术是一样的。

12.2.8 金属化

所有用于塑料金属化的常规聚合物金属化技术都可以应用于增材制造的零件。常规的技术包括化学镀或电镀，以及真空金属化或PVD。如果使用电镀或其他任何要求零件具有导电性的工艺，则必须在零件上涂导电漆。

金属化可以生产出真正看起来像金属零件的零件，因为它们确实涂有金属，只是它们比金属零件轻得多（图12-20）。

12.2.9 覆膜

覆膜零件就是被可拉伸的聚合物薄膜包裹住其表面的零件。这项技术在汽车工业中很常见。当AM的零件并不复杂时，也可以应用该技术进行表面处理。甚至可以对包覆膜进行纹理处理，以增加零件的3D效果。

包覆前唯一需要做的准备工作是确保材料表面足够光滑，以保证任何阶梯现象都不会显现在包覆材料上。并且被包覆材料的表面要清洁干燥，以便包覆膜可以黏附在其表面上。

图 12-20 艺术家 James Charlton 将声波转换为 3D 艺术品的图稿，将黏结剂喷射在石膏上打印，用导电涂料喷涂，并镀上仿古银

12.2.10 水纹

水纹，也称为水浸印刷、浸入式印刷或水转印，是一种将印刷版式应用于三维表面的方法。首先将要印刷的图案或图像打印到可溶的 PVA 胶片上，然后将胶片放置在水箱的表面上，该胶片溶解于水后会使图像的墨水漂浮在水面上，最后小心地将放在墨水层上面的零件降入水中以将浮于水面的图像墨水转印到零件上。

12.3 金属表面处理

金属 AM 零件的表面质量对于某些应用而言太过于粗糙，因此有必要对其进行改善。表面粗糙度取决于所用的 AM 工艺、材料的颗粒大小、层厚度、构造方向和支撑。

金属增材制造的零件很难指明其可达到的表面粗糙度，因为其顶部、底部、成角度的和垂直的表面均具有明显不同的表面粗糙度。基于激光粉末床熔融工艺成型的零件，其上表面和竖直表面的表面粗糙度值为 7 ～ 15 μm。使用 Arcam 的 EBM 工艺，其表面粗糙度值为 20 ～ 25 μm。但是，朝下的表面和附着支撑材料的表面会更加粗糙。并且在附着支撑材料的底部水平表面上测得的 *Ra* 值经常高达到 1000 μm。

有多种工艺可以帮助降低金属 AM 零件的表面粗糙度值。一些涉及机械作用（如机械加工、喷丸处理和滚筒磨光），而另一些涉及化学物质并结合了某种类型的机械作用（如电抛光）。每种方法都必须根据其效果、去除的材料量、成本以及所需的表面粗糙度要求进行评估。

12.3.1 喷丸处理

在将支撑材料从零件中去除后，大多数金属 AM 零件将介质喷砂处理（通常使用砂粒或玻璃珠）作为第一步表面后处理工序。该过程有助于清洁零件并清除仍附着在零件上的残留粉末。

喷丸处理是类似于喷砂的过程，该过程使用压缩空气将小的球形颗粒射向零件。喷砂是一种从表面去除材料的研磨工艺，喷丸处理可使零件粗糙表面的突起部分变平，并对零件产生微锻造效果，不仅可以使表面光滑，还可以提高表面强度（图 12-21）。

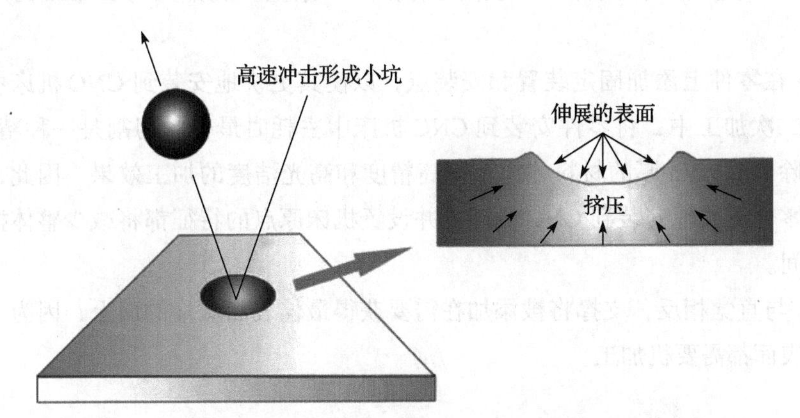

图 12-21 喷丸处理具有微锻造效果，可以提高零件的表面强度

喷丸处理的常用介质包括玻璃珠和钢球。

12.3.2 等离子清洗和离子束清洗

等离子清洗是通过使用称为等离子体的电离气体从物体表面清除物质的过程。该过程通常在真空室中利用诸如氩气和氧气或者诸如空气和氢 / 氮的混合物进行。通过使用高频电压（通常为 kHz 到 MHz）电离低压气体（通常约为 1/1000 大气压）

产生等离子体，尽管现在标准大气压等离子体也很常见。

离子束清洗技术可用于对AM零件的表面进行表面清洁。它通过加速离子束（能量到达1500eV）将分子颗粒、吸附的气体（如氩气）、聚合物碎片和水蒸气从零件表面去除。

12.3.3 机加工和打磨

通常，对于金属AM零件，其底平面（零件底面上的表面）以及与支撑材料接触的任何区域的表面均较粗糙。顶面上还会留有不同的激光扫描策略下的痕迹。这些表面通常必须通过锉、打磨或研磨来改善。

如果AM系统提供的表面质量无法满足需要的表面质量（如密封垫圈所需的表面质量要求）或工程上的精度（如压紧轴承所需的精度要求），那么机加工就必须作为一种辅助操作。加工AM零件与加工任何其他金属零件没有什么不同。将AM零件夹紧在铣床或车床上，并以与传统材料相同的转速和进给量进行加工。

改善AM零件加工的一些方法如下：

1）不要忘记在需要加工的表面上添加加工余量。通常大约0.5mm的厚度就足够。

2）在零件上添加固定装置和安装点，以使其更快地安装到CNC机床中。通常，在二次加工中，将零件安装到CNC机床中去耗时最长。切割是一种精加工，需要去除约0.5mm厚的材料才能获得高精度和高光洁度的加工效果。因此，任何可以使零件更快地安装到CNC机床上并设置机床原点的特征都将减少整体操作所需的时间。

3）与直觉相反，支撑将被添加在需要获得最佳表面质量的面上，因为无论如何这些表面都需要机加工。

12.3.4 磨料流加工

磨料流加工或挤压珩磨是通过将磨料浆注入零件的内部通道来抛光的技术。介质中的磨料颗粒会磨掉而不是切掉不需要的材料。

材料去除率取决于以下因素：

- 介质流量。
- 黏度。
- 磨料粒度。

- 磨料浓度。
- 粒子密度。
- 颗粒硬度。
- 工件硬度。

12.3.5 阳极氧化

阳极氧化用于在铝上产生保护性和装饰性氧化层，从而改善了耐蚀性和耐磨性。通过染色或电解着色可以创建不同的颜色。

铝制AM零件可以采用与传统铝制零件完全相同的方法进行阳极氧化。但是，对于AM零件，在设计其阳极氧化浴的悬挂点时，可有更大的设计自由度。

12.3.6 等离子喷涂

等离子喷涂是一种热喷涂工艺，用于生产高质量的涂层。它结合了高温、高能热源、相对惰性的喷涂介质（通常为氩气）和高颗粒速度等特征。等离子体是用来描述高温状态下气体离子化并变得能够导电的术语。

等离子喷涂技术允许将几乎任何金属或陶瓷材料喷涂到大部分材料上，并且可以获得极好的黏合强度，同时最大限度地减少基底的变形。

等离子喷涂可用于改善：

- 耐蚀性。
- 耐磨性。
- 耐热性和抗氧化性。
- 温度管理。
- 电阻率和电导率。

12.3.7 电镀和PVD

与传统工艺制造的零件一样，电镀也可以用于AM零件的加工处理。电镀也称为电沉积，因为该过程涉及在工件表面（称为基材）上沉积一层薄金属。其使用电流引发金属沉积反应。

如果要在金属AM零件上电镀一层镍，以改善零件的外观，则电镀的工作原理如下：将电镀金属（镍）连接到电路的阳极（带正电的电极），而AM零件放在阴极（带负电的电极）上，两者均浸入专门开发的电解液中（溶池）；此时，将直流电流提供给阳极，该电流将镍中的金属原子氧化并将其溶解到溶池中；溶解的镍离子被吸引到阴极并沉积（电镀）到 AM 零件上（图 12-22）。

然而，最常见的是电镀过程需要镀几层不同的金属。镀层的第一层通常由铜制成，因为它比较容易被抛光成高度光滑的表面，然后在铜层再镀一层，如镍、铬、银等。

影响最终电镀结果的因素包括：

- 镀液的化学成分和温度。
- 电流的电压水平。
- 阳极和阴极之间的距离。
- 电流持续的时间。

与阳极氧化一样，对于 AM 零件，当零件悬挂在电镀槽中时，可以自由设计更好的悬挂点。

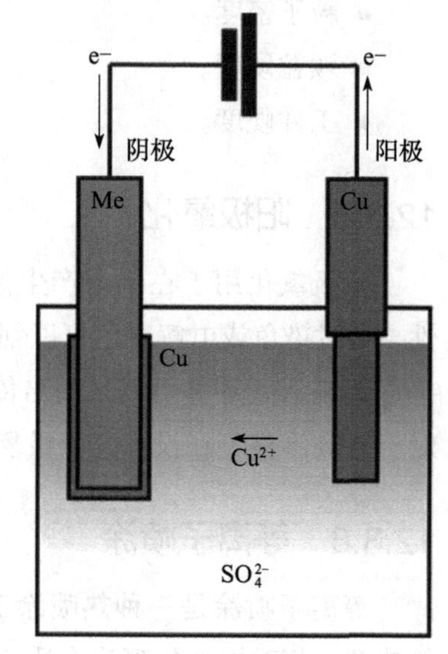

图 12-22 电镀过程

12.3.8 涂漆

对于金属 AM 零件的涂漆，请参考 12.2.4 节，因为它们适用相同的原理。唯一的区别是，可能需要使用适合金属的打磨底漆。

此外，金属零件也可以进行粉末喷涂。粉末涂料通过静电吸附的方式将干燥粉末沉积在零件表面上，然后将其置于烘箱中固化，以使粉末熔化并在零件上形成聚合物皮。粉末喷涂通常比湿式涂染更耐用。

12.4 黏结和焊接 AM 零件

通常需要的零件往往比许多 AM 系统可生产的更大。在这种情况下，必须将零件打印成几个较小的部分，然后连接在一起。最常见的方法是将它们黏结在一起。这种方法同样适用于聚合物和金属零件。

对于大多数增材制造工艺和材料，最常用的环氧胶就能起到作用。对于某些增材制造材料，也可以使用氰基丙烯酸酯胶（强力胶）。市场上有特种胶粘剂，其可以为某些金属提供更好的胶接性能。并且，对于金属零件来说，也可以将单独的零件焊接在一起。

对于 ABS 零件来说，在要黏结的表面上先涂一层薄薄的丙酮，然后将它们推在一起就可以形成非常牢固的塑料焊接结合。丙酮将溶解表面层，并允许部件在不使用胶水的情况下连接在一起。

如果零件确实需要胶合或焊接在一起，则强烈建议在零件上添加公 / 母接头，以使零件排列整齐。这种简单的设计更改可以大大提高并改善零件的胶合质量（图 12-23）。

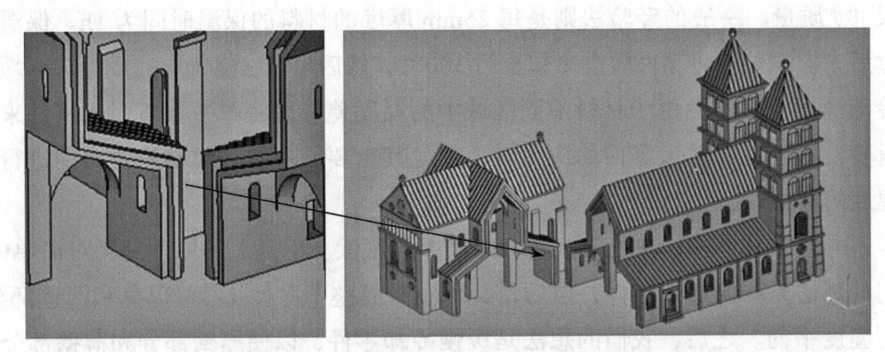

图 12-23 在零件之间总是需要某种形式的公 / 母接头

12.5 热处理和时效处理

12.5.1 残余应力消除

在金属 AM 中，残余应力是不可避免的，必须努力通过 AM 零件的设计来将其最小化。在第 9 章中讨论的操作策略（如扫描模式）也可以在打印过程中使用，以最大限度地减少残余应力。

由于 AM 是微焊接的一种形式，因此残余应力是激光粉末床熔融所固有的快速加热和冷却的结果。零件的每个新的金属层都是通过激光束在粉末床上进行移动扫描，熔化顶层的粉末并将其熔融到下面的金属层而创建的。热量从热熔池流入下方的固体金属，帮助熔融金属冷却并凝固。由于激光束非常小，因此这一冷却凝固过程只需要大约几微秒就能完成。当新的金属层在前一层的上方冷却凝固时会收缩。新的金属层受其下方固体结构的约束，故其收缩时将在各层之间建立剪切力。在 AM 的情况下，这种残余应力可能会非常严重，以至于整个成型平台都可能由于零件作用在其上的力而弯曲。

必须在所有 AM 金属产品上进行应力消除，以最大限度地减少结构中的残余应力，从而降低在进一步制造或最终使用零件期间其尺寸变化的风险。在增材制造中，消除应力是将零件从成型平台上卸下后的第一个后处理步骤，当零件仍通过其支撑材料连接到成型平台上时就要进行。

消除应力不会改变材料的结构，也不会显著影响其硬度。

例如，对于钢制零件，消除应力的温度通常在 550 ～ 650℃之间，并且需要进行缓慢加热，时间控制在 1 ～ 2h 之间，然后保温时间为几个小时，这取决于零件的尺寸 / 质量。一般的经验法则是每 25mm 厚度的材料的保温时间为 1h。保温时间过后，应在炉中将零件缓慢冷却至约 300℃，然后可以在空气中完成冷却。缓慢的冷却速度对于避免由于材料不同区域中的温度差异而将张力重新引入零件来说很重要。这在减轻较大零件的应力时显得尤其重要。不锈钢通常需要比钢进行更高温度的热处理。

不同金属和零件的热处理温度和时间差异很大。但是总的原理是相对简单的：我们的想法是均匀加热零件，然后使其保温直到整个零件（厚壁部分和薄壁部分）达到温度平衡。之后，我们的想法是缓慢冷却零件，以便厚壁部分和薄壁部分以完全相同的速度冷却。因为如果薄截面的冷却速度快于厚截面的冷却速度，则残余应力将重新引入零件中。

若有必要，则可以在带有保护气体的热处理炉中消除应力，以保护其表面免受氧化。在极端条件下，可以使用真空炉。

12.5.2 热等静压

热等静压（HIP）是使用高压来改善材料性能的一种热处理形式。该压力由惰性气体（通常为氩气）施加。高温和高压的情况允许材料发生塑性变形、蠕变和扩散。对关键应用的 AM 零件进行 HIP 处理，以消除其内部微孔，从而改善机械性能。它还可以改善材料的机械性能和可加工性。经过 HIP 处理的金属零件可以达到与锻造零件相似的冶金性能。

HIP 工艺使组件在高压安全壳中经受升高的温度和气压。最广泛使用的加压气体是氩气（使用惰性气体，因此材料不会发生化学反应）。腔室被加热，导致容器内部的压力增加。从各个方向对材料施加压力，因此称为“等静压”。

简而言之，HIP 在高温下从各个方向均匀挤压零件以改善其性能。压力和温度将消除大多数孔隙或表面微裂纹。由于从各个方向均等地挤压零件，包括气体可以接触到的任何内表面，因此该工艺对零件的尺寸影响相对较小（尽管必须针对每个特定应用进行验证)(图 12-24)。

12.5.3 表面硬化和渗氮处理

渗氮处理是一种化学热处理表面硬化工艺。它通过溶解氮和形成硬的氮化物沉淀来提高零件的耐磨性、表面硬度和疲劳寿命。这是一种低温(通常为 520℃)、低变形的“热化学”表面热处理硬化工艺。使用分解的氨作为来源向金属零件的表面添加氮。气体渗氮在相对较低的温度下会形成非常坚硬的外壳，而且无须淬火。

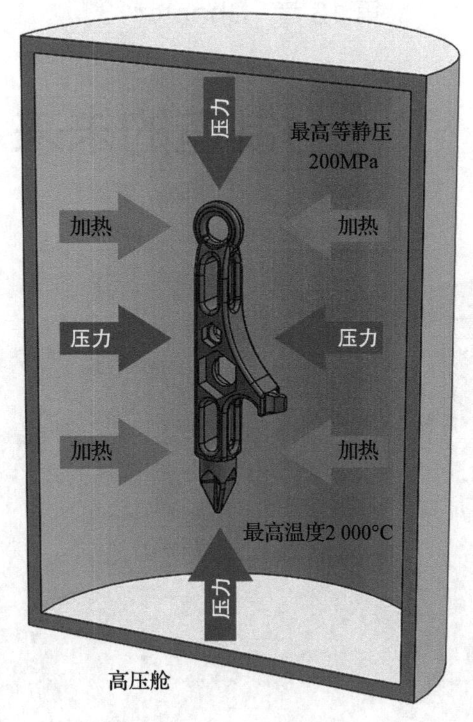

图 12-24 HIP 过程

渗氮工艺特别适合处理承受高负荷的组件。这种工艺可以提高零件的表面硬度，从而提高了耐磨性、耐划伤性和抗咬合性。疲劳强度的增加主要是由于零件表面压应力的提高。渗氮工艺具有热处理温度范围广、外壳渗透深度大以及可以调节零件的性能等优点，从而使气体渗氮具有广阔的应用领域。

当钢材料里包含氮化物形成元素(如铬、钼、钒和铝)时，渗氮最为有效。该工艺也适用于工具钢，如模具钢。通常，所有黑色金属均可进行气体渗氮，因为其铬含量最高可达 5%。对于合金元素含量更高的金属和不锈钢的气体渗氮，可以考虑进行等离子渗氮。

为了获得最佳结果，在进行气体渗氮之前，材料应该已经处于硬化和回火状态。还要注意，不建议对低密度烧结钢进行气体渗氮。

第 13 章 Chapter13

增材制造的未来

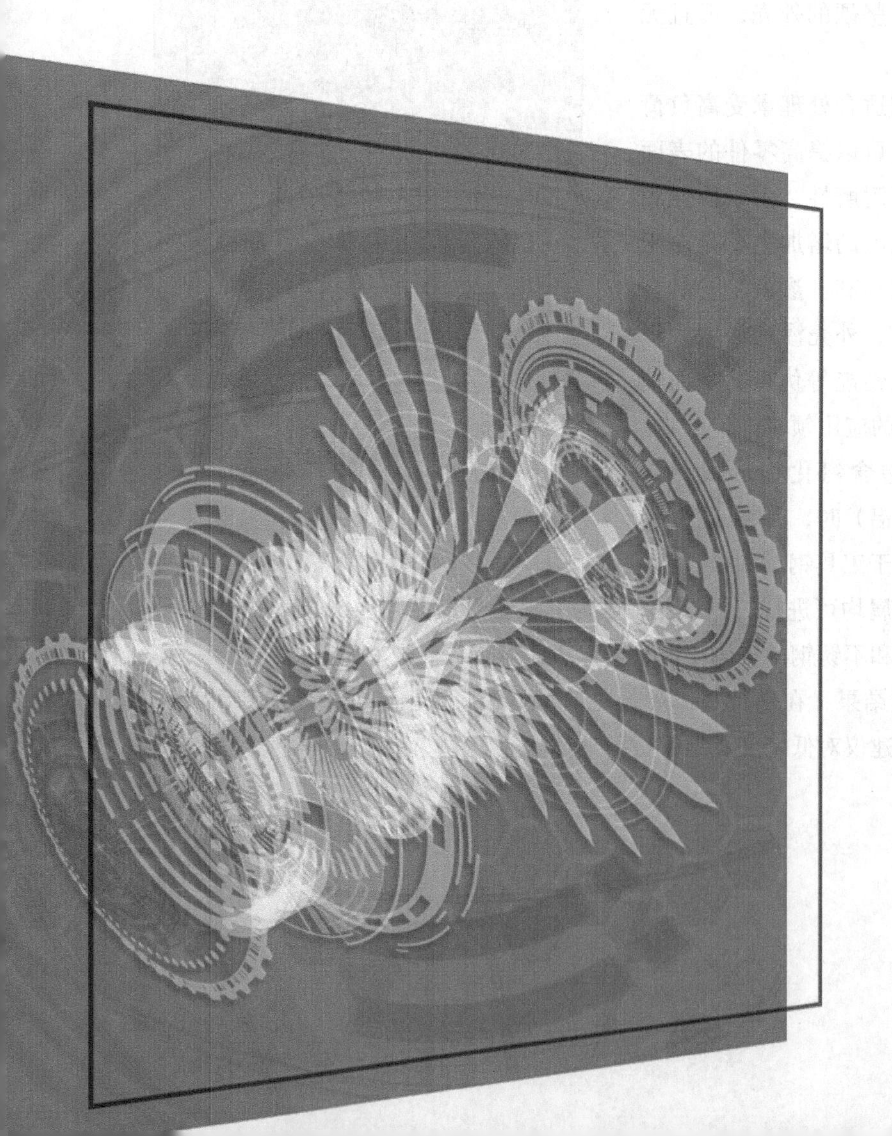

增材制造技术的发展非常迅速。每隔几个月就能看到关于增材制造的新技术、新材料、新软件和新产品问世。对于那些对增材制造感兴趣的人而言，及时关注和了解这些信息是非常重要的。毫无疑问，这些都将影响未来产品的开发方式。

如果考察一下如今的研究和工作重心放在什么地方，就会发现，到目前为止，对 AM 的研究主要集中在速度的提升上，即开发速度更快的设备来最终满足工业用户对产量增加的需求。同时，也有大量关于可应用于增材制造技术的新材料的开发和研究。这些材料既要有良好的力学性能，又能被设备更快地打印和加工。

另外就是大尺寸设备的开发。以金属打印为例，目前能加工的最大尺寸为 500mm × 500mm × 500mm。但开发仍在进行，就像本书中谈到的，不同类型的增材制造技术都在开发大尺寸的设备。例如，由南非公司 Aerosud 制造的 Aeroswift 机器的尺寸预计可达 2m × 0.6m × 0.6m。

下面将讨论即将开发的一些感兴趣的领域。

13.1　功能梯度材料

材料发展领域中的材料包括功能梯度材料、智能材料和多材质材料。功能梯度材料是指在内部可改变性能的材料。功能梯度材料的出现有可能是由于材料本身的零件序列发生改变而导致的，也有可能是内部几何结构发生变化而引起的（图 13-1）。

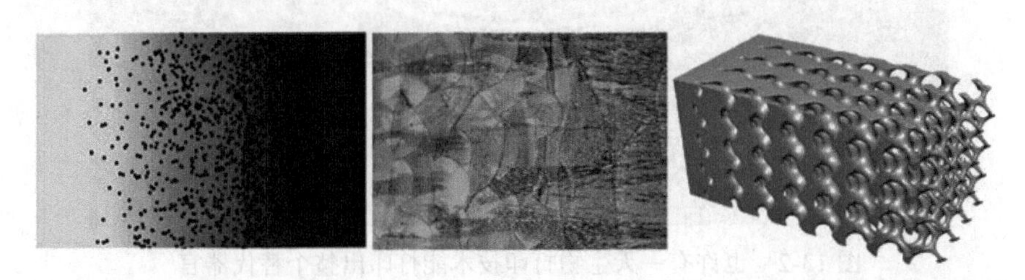

图 13-1　不同类型功能梯度材料的区分，从不同材料之间的过渡到材料内部几何结构的变化（由 Mahmoud 和 Elbestawi[4] 提供）

智能材料是指能够根据外部刺激改变性能的材料。多材质材料是指打印机能够同时打印几种不同材质的材料，以满足由多种材料组成的产品的需求。

新材料为开发功能改进型的新智能产品提供了巨大的潜力。然而，我们也尚未完全了解这些新材料，还不知道该如何去使用它们，因此在开发新材料的同时也要发掘新的应用。

13.2 生物打印

组织工程和器官打印是世界范围内一个活跃的研究领域。研究人员目前能够打印一些动物的器官，也能通过提取病人自身干细胞培育出气管、心脏瓣膜和膀胱。

目前主要有两种技术应用于生物打印。一种是3D打印出可生物降解的聚合物支架，并将其植入病人的干细胞中。在潜伏期，细胞按照即有的形貌生长，与此同时聚合物也不断降解，其降解速度与细胞成长速度相同，随着细胞的成长，所有的聚合物材料都将被活细胞取代。另一种打印方式与第一种类似，但是要将干细胞悬浮在水凝胶中，然后将水凝胶和干细胞的混合物（通常采用挤压或喷墨系统）打印到合适的结构当中，最后将其进行孵化，慢慢地细胞将逐步取代水凝胶并最终生长成其应有的形貌（图13-2）。

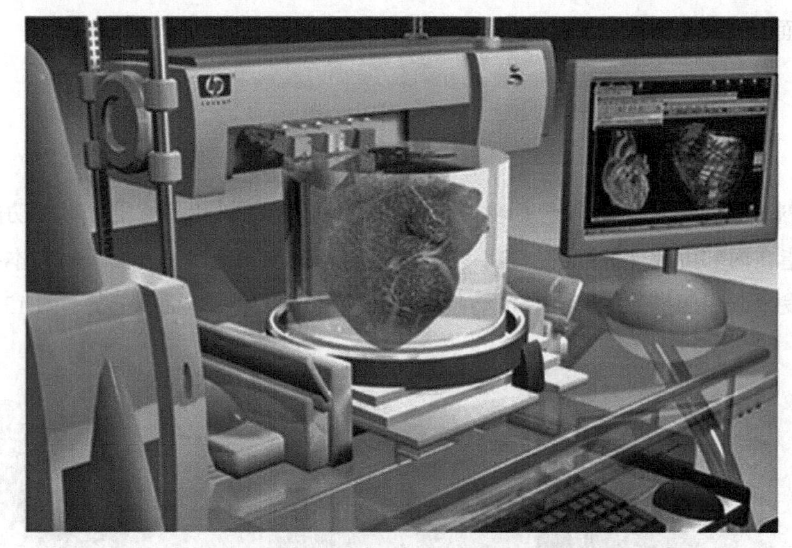

图13-2　也许有一天生物打印技术能打印出整个替代器官

（由Centromere121，CC BY-SA 3.0提供）

整个组织工程和生物打印领域仍处于相对起步阶段，可能要过几年才能具备打印肝脏和心脏等更复杂器官的能力。但这种技术对人类健康和幸福而言拥有巨大的潜力，这使得它成为一个真正有价值的研究领域。

需要意识到的是，增材制造仅仅是组织工程和生物打印的一小部分。组织工程和生物打印依赖其他学科，包括医学、生物学和软件等，就像它依赖增材制造一样。作为一个全新的分支研究领域，组织工程和生物打印还需要考虑伦理和社会影响的协同发展。

13.3 建筑应用

世界各地的许多大学和公司正在努力开发能够打印整栋建筑物和房屋的技术。在这一领域中，材料挤出工艺（即将混凝土从喷嘴中挤出并沉积）被广泛应用。这种混凝土材料可以利用多种填充物，如聚苯乙烯或纤维等能够起到加强作用（图 13-3）。

图 13-3 打印房子：南加州大学的轮廓成型加工系统
（由 Contour Crafting Corporation 提供）

另外在该领域值得关注的是 D-Shape，这是一家打印再造石的公司。该公司使用黏结剂喷射工艺，先沉积一层粉末材料，再通过喷射一层黏结剂将这些粉末进行黏结，从而形成一种类石头的材料。在打印结束后，利用真空将遗留的处于松散状态的材料吸走，剩余的结构将作为基体保持不变形。

据预测，一旦各种各样的房屋打印技术得到充分发展，那么就有可能在短短几天内打印出一套完整的房子。这不限于打印混凝土结构，还包括其他的设施，从而使其形成一个功能完整的房子。这样一来，以后就可以从线上订购房子，并按照自己的设计爱好进行修改，然后将房屋打印机运输到现场安装，并开始打印，几天过后，就可以搬到房子里去了。

然而，从现实来讲，需要记住一点，目前已有的房屋预制方法，即事先在工厂内预制房子的部分结构然后在现场进行组装，在不考虑物流运输对建造时间产生影响的情况下也能做到像上述一样。这就等同于用 3D 打印房屋。

到目前为止，绝大多数的“打印房屋”都只具有相对简单的结构，而这些结构可以利用其他方式更经济有效地进行预制，这也意味着增材制造为最终产品带来的价值很小。因此，如果不想把 3D 打印房屋只当作一种很炫酷的技术，就需要建筑师更多的投入，设计出的建筑结构不能够被预制，同时需要找到一些应用案例来说明增材制造技术可以某种方式或在特定的情况下来打印房子，否则 3D 打印房屋就只能当成一种炫技。同理，增材制造也只能给建筑行业带来有限的价值。

然而，这些技术在未来的一些应用领域可能会引起人们极大的兴趣，如在太空中进行打印。随着人类对太阳系的不断探索，3D 打印可能成为一种可行的技术，从被探索的星球上开采原材料并利用该原材料进行打印。一旦实现，将缓解用火箭将建筑材料送入太空的低效且昂贵的挑战（图 13-4）。

图 13-4　在太空中进行居住场所打印（图片来源 Contour Crafting Corporation）

13.4　电子产品打印

从产品开发的角度来看，导电材料的增材制造以及电子产品的打印在改变电子产品的设计方式上具有极大的潜力。目前，几乎所有的机电产品都是围绕矩形平面电路板设计的，因此大多数产品基本上都是矩形的。假如能够打印曲面的电子产品并取消电线的设计，设计的自由度也会大大提高，就可以摆脱只能设计矩形电子产品的限制（图 13-5）。

如今，这项技术的发展情况很大程度上取决于将电线集成打印到高分子材料上以及打印电路板的能力。Voxel 8、Nano Dimension、Optomec 和 HP 等公司在这方面做了大量的工作。目前，这种打印电线和电路板的能力，对产品开发人员来说已经大有益处了。有些研究人员甚至提出了这样一种想法，即通过弯曲层挤压材料的方式来消除在平面层中存在的不连续电路的潜在风险。

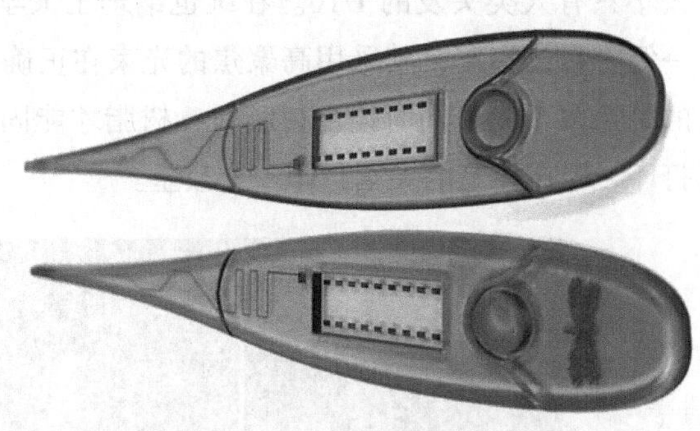

图 13-5 打印的带有电路设计的温度计（由 Nano Dimension 提供）

如同层间连接引起的机械性能的各向异性，在导电材料 3D 打印中存在的风险是层间的导电性能要比层内的导电性能差。CLFDM 的方式是先打印所有的支撑材料，然后在支撑材料的基础上通过曲面层的方式打印高分子材料或带有导电性能的高分子材料。这种连续的打印路径就能保证打印线路的连续性，从而保证线路导电性能的统一性（图 13-6）。

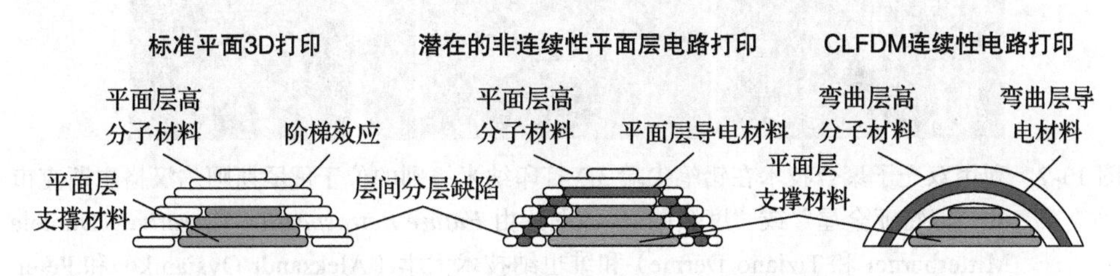

图 13-6 曲面层材料挤压用于 3D 打印电子产品

研究人员还成功地打印出了相对简单的电子产品，如晶体管和电容器。因此，如果 3D 打印的水平能达到打印更先进性能的电子产品（如集成电路），那么将给电子产品开发带来一场变革。

13.5 纳米打印

虽然在纳米尺度上使用增材制造还为时尚早，但研究人员已经在这方面开展了大量的研究。

2001年，日本大阪大学的Satoshi Kawata教授在飞秒激光制造领域取得了开创性的工作，利用飞秒激光能够打印出微米级别的产品。例如，打印的纳米牛的大小只有人类头发的1/10。在维也纳理工大学，利用双光子光刻刻印出一辆微型一级方程式赛车，其采用高聚焦的光束在正确的位置固化树脂分子。“双光子”指的是当两个光子同时撞击树脂时，树脂才能固化。图13-7就很好地展示了这种微打印，即在铅笔的尖端打印一个教堂。

图13-7　利用双光子聚合技术在铅笔尖端3D打印纳米级别的位于俄罗斯阿尔汉格尔斯克市的“苏特亚金屋”或“度假屋”［该图片由*Future Retrospective Narrative*（Daniela Mitterberger和Tiziano Derme）和维也纳技术大学（Aleksandr Ovsianikov和Peter Gruber）提供］

这项技术最终可能意味着纳米机器人的制造，可以将这种纳米机器人注入血液中来清除血液中不需要的分子。

13.6　食品打印

现在有一个全新的研究领域，其专注于开发能够打印食物的3D打印机（图13-8）。到目前为止，这一领域的大部分研究工作都集中在用材料挤出工艺来挤压食品糊状物，从而完成食物的打印。因此，与其说这些机器是在“打印食物”，还不如说是在“用食物打印”。也有些利用黏结剂喷射技术来打印食物的工艺，如用黏结剂将粉末状的糖黏结在一起。

也有一些真正的食品打印，打印肉类就是其中之一。其过程是利用一种类似于上述生物打印方法来打印牛的干细胞。

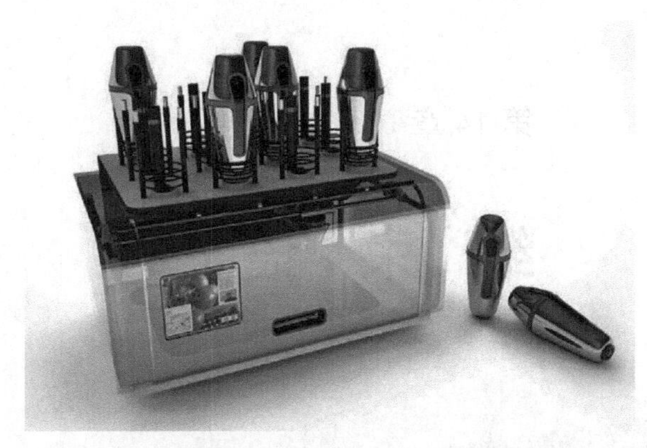

图 13-8　丰饶角项目打印机（由 Zoran[7] 提供）

到目前为止，大多数食品的 3D 打印都集中于打印几何形状复杂或定制化的食品，如巧克力、意大利面、婚礼蛋糕和糖果等。虽然这很有趣，但人们也在质疑这种方式是否为食品带来足够的价值以值得用这种相对较慢的打印速度来打印食品，人们也在考虑这是否是一种划算的生产食物的方式。

然而，3D 打印食品在某些领域有可能带来巨大的价值，如为吞咽有困难和在咀嚼及吞咽上有障碍的人打印定制的食品。例如，打印内部有晶格结构的食物，这种食物有可能在放入口中时迅速溶解，或者很容易被咀嚼和吞咽。那么，能不能打印出一个看起来像胡萝卜，尝起来像胡萝卜，但很容易让人咀嚼或吞咽的胡萝卜呢？它不仅可以为顾客提供合适的质地和稠度，而且可以根据顾客的需要定制成分，如额外添加维生素 B 或钙（图 13-9）。

图 13-9　老年人的食物（由 BioZoon 提供）

第 14 章 Chapter14

结 束 语

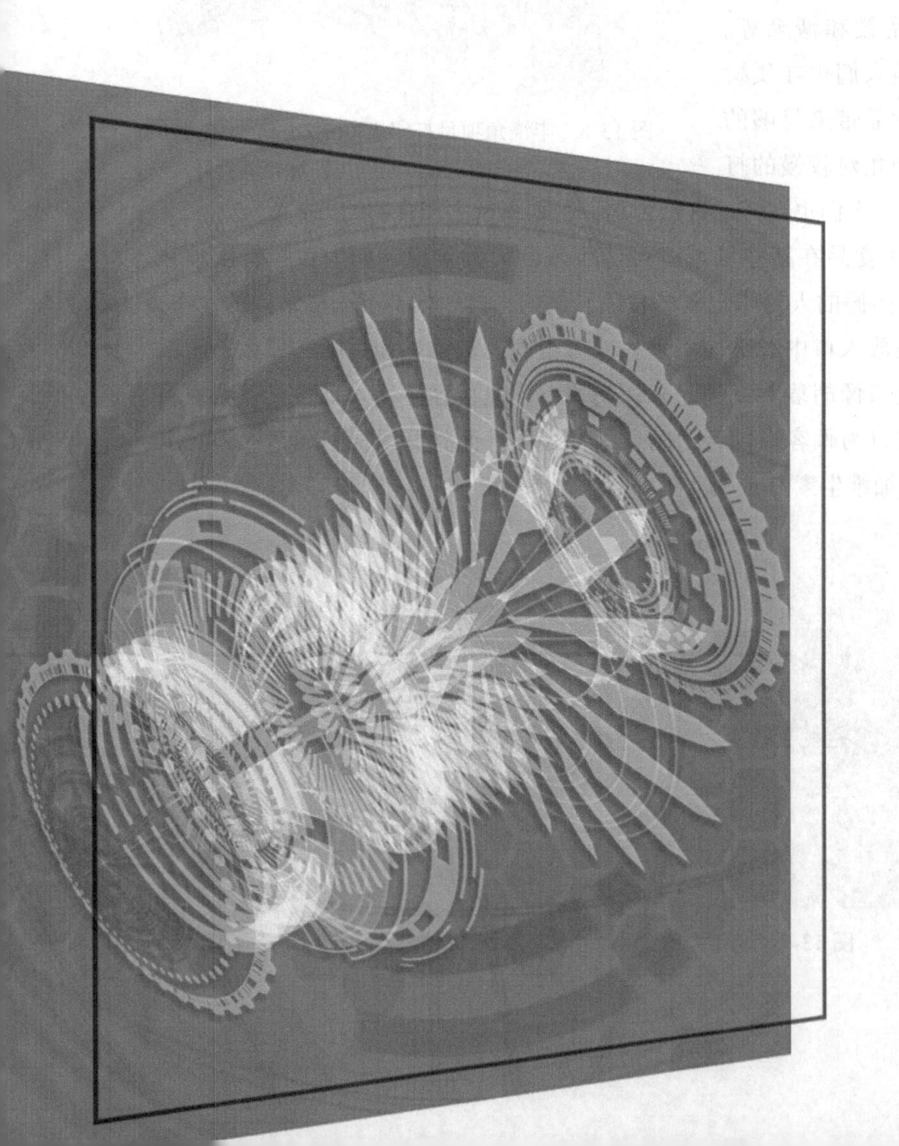

增材制造正处于一种快速变化的状态。当你读这本书的时候，关于增材制造的新技术、新材料或新软件又会陆续出现在市场上。这是一个不断增长的研究领域，几乎每所大学都有增材制造方面的研究项目，现有的和新的公司也会越来越多地将其加入生产体系中。

为了进一步提高该技术的使用率，需要开发更多的材料、更快的增材制造系统、更好的产品表面质量以及加快认证过程。同时，也需要有好的软件工具来保证每个零件在第一次就能按照客户的要求被打印出来。此外，好的设计工具能设计出基于增材制造优化的安全产品。特别地，需要对现有的工程和设计教育计划进行包含增材制造设计的升级。

在不久的将来，一个不可改变的事实是，当设计的产品需要用增材制造工艺进行加工时，需要发挥增材制造技术在设计上的优势。出于这个原因，就有必要对未来的工程师和设计师进行面向增材制造的设计教育。

这种教育的核心至少应包括以下几点：

- 理解为什么以及何时要使用增材制造。
- 理解增材制造的材料是如何被制造的，以及通过增材制造加工后零件最终的材料和力学性能是怎样的。
- 实操不同的增材制造设备，了解工艺过程。
- 真正理解增材制造的后处理工艺。
- DfAM设计准则（壁厚、孔径、实体和稀疏结构的选择以及公差等）。
- 学会操作与增材制造相关的CAD工具（例如拓扑优化、晶格结构以及增材制造的有限元分析工具等）。
- 了解增材制造的认证过程。

本书中还没有涉及的一些其他问题，毫无疑问，也将会成为未来的研究对象，这些内容包括：

- 随着增材制造的实现，商业模型和结构会发生什么样的变化？
- 未来产品的价值链是否会从制造转向设计？
- 增材制造将会如何影响人们的健康和幸福？
- 增材制造将会引起什么样的伦理问题？
- 人们的休闲时间和生活方式会因增材制造而发生什么样的变化？

本书是对具有大量来源的增材制造知识的汇编，也是一项持续进行的工作。欢迎各位读者提出建议和指正，这对下一个版本的改进具有很重要的意义。

术 语 表

以下是在增材制造和 3D 打印领域中使用的关键术语和缩写词。本术语表和书中的大多数术语均符合 ISO/ASTM 52900 术语标准。

3D printer（3D 打印机） 用于 3D 打印的机器。

3D printing（3D 打印） 利用打印头、喷嘴或其他打印技术，通过沉积材料的方式制造物体。这个术语常用于非技术背景的术语，与增材制造同义。到目前为止，这个术语主要与价格和总体性能较低的机器联系在一起。

3D digitizing（三维数字化） 同三维扫描。

3D scanning（三维扫描） 一定程度上自动确定物体大小和形状的计量方法，通常涉及光学设备，如激光仪以及使用三角测量技术计算 *X*、*Y*、*Z* 坐标的传感器。

Additive layer manufacturing（添加层制造） 同增材制造。

Additive manufacturing（增材制造） 将材料从三维模型数据制造成零件的过程，通常是一层一层地来完成，和减材制造以及造型的方法相反。历史术语还包括：增材过程、增材技术、添加层制造、分层制造、固体自由成型制造和自由成型制造。

Additive process（增材过程） 同增材制造。

Additive system（增材系统） 增材制造系统、增材制造设备和用于增材制造的机器及辅助设备。

Bed（床） 增材系统成形平台的另一种称呼，是制造零件的平台。

Binder jetting（粘结剂喷射） 一种增材制造工艺，通过液体黏结剂选择性地将粉末材料沉积在一起。

Build plate（成型平台） 增材制造零件打印成型的区域。

Build platform（成型平台） 同成型平台。

Build chamber（成型室） 增材制造系统中一个封闭的区域，打印零件在此成型。

Build envelope（成型范围） 在建造空间内可制造零件的 *X*、*Y* 和 *Z* 轴的最大外部尺寸。

Build volume（成型空间尺寸） 打印设备中可用于打印零件的总体积。

Digital light processing（数字光处理） 使用一组阵列的微镜片创建和显示图像的设备，每个微镜片代表投影图像中的一个或多个像素。

Direct digital manufacturing（直接数字制造） 利用增材制造技术生产最终零件。

Directed energy deposition（定向能量沉积） 增材制造工艺，利用集中热源熔化正在沉积的材料。“集中热源”是指能量源（如激光、电子束或等离子弧等）被聚焦以熔化正在沉积的材料。

Direct metal deposition（直接金属沉积） DM3D公司用于定向能量沉积技术的商标名。

Direct metal laser sintering（直接金属激光烧结） EOS公司用于金属粉末床熔合技术的商标名。

Electron beam melting（电子束熔化） Arcam公司用于电子束金属粉末床熔化技术的商标名。

Extruder（挤出头） 3D打印组件，用于熔化和沉积塑料材料。

Facet（面片） 通常指用于描述三维多边形网格和模型的三边或四边形。三角面片是用于增材制造的文件格式，典型的有AMF和STL。然而，AMF文件允许三角面片被弯曲。

Filament（线材） 用于大部分挤出工艺的聚合物线材，在挤出头中熔化和沉积。

Fused deposition modeling（熔融沉积成型） Stratasys公司用于其材料挤压技术的商标名。

Fusion（熔融） 将两个或多个材料单元结合成一个材料单元的行为。

Hot isostatic pressing（热等静压） 利用热和等静压来减少或消除金属中的气孔，增加陶瓷的密度。

Hybrid manufacturing system（复合制造系统） 利用增减材复合制造的系统。

Laser sintering（激光烧结） 粉末床熔融，特别适用于聚合物材料。

Layer additive manufacturing（分层增材制造） 同增材制造

Maker（创客） 一个以技术为基础的DIY社区的成员。

Material extrusion（材料挤出） 一种增材制造工艺，利用喷嘴或孔口挤出材料选择性地沉积成型。

Material jetting（材料喷射） 一种增材制造工艺，利用液滴选择性的沉积材料成型。材料包括感光性树脂和蜡。

Metrology（计量） 测量科学

Near net shape（近净形） 零件只需要进行少量的后处理就能满足公差尺寸的情况。

Photopolymer（光敏树脂） 一种热固性聚合物，暴露在紫外线或可见光下会改变其性质。通常，光聚合物在光聚合过程中从液体变为固体。

Powder bed fusion（粉末床熔融） 一种增材制造工艺，热源选择性地熔化粉末床上的粉末区域。

Post-processing（后处理） 为了获得产品的最终性能，在增材制造周期完成以后采取的一个或多个工艺步骤。

Process parameters（工艺参数） 在单个构建周期中使用的一组操作参数和系统设置。

Prototype（原型） 产品全部或部分的物理表示，尽管在某些方面有限制，但可以用于分析、设计和评估。

Prototype tooling（原型模具） 用于原型制作的模具、冲模和其他装置，有时被称为过渡模或软模。

Reverse engineering（逆向工程） 一种从物理对象创建数字表示的方法，以定义其形状、尺寸以及内部和外部特征。

Rapid prototyping（快速原型） 运用增材制造技术缩短原型生产所需的时间。在历史上，快速原型（RP）是增材制造第一个具有商业性质的应用，因此常被用作这类技术的通用术语。

Rapid tooling（快速制模） 利用增材制造技术生产模具或模具组件，与传统模具生成方式相比，可以缩短交货周期。快速制模可以通过增材制造过程直接生产，也可以先间接生成模具组件，再通过二次加工过程生成直接使用的模具。

Selective laser melting（选择性激光熔化） 金属粉末床熔融技术的统称。

Selective laser sintering（选择性激光烧结） 3D System公司聚合物粉末床熔融技术使用的商标名。

Sheet lamination（薄材叠层） 一种增材制造工艺，将片层材料黏结成一个零件。

SMEs 中小企业群

Solid model（实体模型） 3D CAD类似于利用材料如木头或塑料来创建一个模型。许多实体建模软件采用几何图元（如圆柱体、球体以及孔和槽等特征结构）来构建三维模型。实体模型比表面模型更适合用于增材制造，因为它们定义了一个封闭的、“水密”的体积，这是大多数增材制造系统的要求。

Support material（支撑材料） 用于支撑打印时无法打印的悬垂结构或作为散热结构将热量从打印零件中传导出去的额外材料。在大多数情况下，支撑材料可以通过相应的增材制造系统自动生成。

Surface model（表面模型） 用数学或数字的方式表示一个物体的一组平面或曲面，或两者都有，但不一定要表示一个封闭的物体。

Topology optimisation（拓扑优化） 利用数学运算对设计的强度重量比进行优化，在给定的加载和约束条件下使其最小化。

Topological optimisation（拓扑） 与拓扑优化相同。

Tool，tooling（模具、开模） 用于注塑、热成型、吹塑成型、真空铸造、压铸、钣金冲压、液压成型、锻造、复合材料叠层、机加工和装配等的模具、冲模或设备。

Triangulation（三角测量） 通过将光投射到表面上，并从不同角度或方向观察该表面上的点来推断其位置的方法。

Ultem（聚醚酰亚胺） 材料挤压工艺的常用材料。聚醚酰亚胺是一种无定形、琥珀到透明的热塑性塑料，具有与 PEEK 相关的塑料特性。由于良好的耐热性、耐溶剂性和阻燃性，聚醚酰亚胺常用于制造医疗和化学仪器。

Vat photopolymerization（光固化） 一种增材制造工艺，通过光聚合作用选择性地将缸体中的液态光敏树脂进行固化。

Voxel（体素） 体积元素。在三维空间的规则网格上，物体和三维数据可以被划分为一组离散的元素，称为体素。

参考文献和拓展阅读

本节包含了本书中使用的参考文献，以及一些拓展阅读的资源，这些资源将提供关于增材制造的丰富信息。

参考文献

1. Manriquez Frayre A, Bourell DL (1990) Selective laser sintering of binary metallic powder. In: Proceedings of the solid freeform fabrication symposium. The University of Texas Mechanical Engineering Department, 6–8 Aug 1990, pp. 99–106.
2. Bourell DL, Beaman JJ Jr, Leu MC, Rosen DW (2009) A brief history of additive manufacturing and the 2009 roadmap for additive manufacturing: looking back and looking ahead. In: Fidan I, Calisir F (eds) Proceedings of the US-Turkey workshop on rapid technologies, 24–25 Sept 2009. Tübítak, The Scientific and Technical Research Council of Turkey, Istanbul, 2009, pp. 5–11.
3. Haberland C (2012) Additive Verarbeitung von NiTi-Formgedächtniswerkstoffen mittels Selective Laser Melting (Additive manufacturing of NiTi shape memory alloys by means of selective laser melting), Herzogenrath: Shaker Verlag GmbH. ISBN: 978-3-8440-1522-5.
4. Mahmoud D, Elbestawi MA (2017) Lattice structures and functionally graded materials applications in additive manufacturing of orthopedic implants: a review. J Manuf Mater Process 1(2):13.
5. Wright S, Arcam EBM Guide, CC BY 4.0, https://github.com/Gongkai-AM/Machine-Guides/blob/master/Arcam%20EBM%20Guide.md
6. Zoran A (2011) The 3D printed flute: digital fabrication and design of musical instruments. J New Music Res (JNMR) 40(4):379–387.
7. Zoran A, Coelho M (2011) Cornucopia: the concept of digital gastronomy. Leonardo J Arts Sci Technol 44(5):425–431.

拓展阅读

Chua CK, Leong KF (2014) 3D printing and additive manufacturing: principles and applications. World Scientific

Redwood B, Garret B, Schöffer F, Fadell T (2018) 3D printing handbook. https://www.3dhubs.com/3d-printing-handbook

Gibson I, Rosen D, Stucker B (2015) Additive manufacturing technologies: 3D printing, rapid prototyping, and direct digital manufacturing, 2nd edn. Springer, Berlin

Lipson H, Kurman M (2012) Fabricated: the new world of 3D printing. Wiley, New York. ISBN: 978-1118350638
Beaman J et al (1997) Solid freeform fabrication: a new direction in manufacturing. Springer, Berlin
Wohlers Report 2019: 3D printing and additive manufacturing state of the industry. www.wohlersassociates.com (2019). ISBN: 978-0-9913332-5-7
www.3dhubs.com/knowledge-base
www.shapeways.com/tutorials
https://i.materialise.com/en/tutorials
www.sculpteo.com/en/materials/materials-design-guidelines/
European Powder Metallurgy Association: www.epma.com/european-additive-manufacturing-group
www.renishaw.com/en/am-guide–41140

推荐阅读

智能制造体系构建：面向中国制造2025的实施路线

作者：胡成飞 姜勇 张旋 编著 ISBN：978-7-111-56774-5 定价：69.00元

本书以实践的角度，从四部分阐述智能制造系统的实施。首先阐明建立基于管理技术与两化融合的智能制造体系模型；其次深入阐述智能制造管理体系设计规则-一个核心、一个导向、两项策略、三项驱动、三大体系、三个层次、四条主线、四个整体、四个基本要素、四个管理域、四维绩效、九项原则，使企业有能力设计符合自身的智能制造体系；第三部分深入阐述智能制造体系实现的行动路线，行动计划的制定、每一阶段行动的重点、基础和难点，使企业了解智能制造行动各环节的内在逻辑，避免路线的规划错误。最后阐述智能制造体系实施进行规划，从基于行动路线和计划的项目预算，到系统提供商的选择，实施的方法论，项目管理方法论为企业提供实施落地的方式方法。本书适合制造业各级管理者、企业CIO、信息化咨询顾问、系统实施商以及智能制造研究人员阅读。

面向中国制造2025的制造业智能化转型

作者：肖维荣 宋华振 编著 ISBN：978-7-111-58127-7 定价：69.00元

本书聚焦于制造业智能制造转型中的落地，将与之相关的概念、标准与规范、方法、技术进行了全局梳理，对其中的关键问题进行了分析，如工业通信与互联、智能制造软件体系与方法、机器人集成与生产效率、智慧工厂的从精益到全面数字化、能源优化、预测性维护相关的标准、规范与方法，以及如何实现的路径，并以实际的工程案例来阐述，让读者更易于理解。

对于制造业推进智能制造的集成而言，本书在概念、思想与具体实施的内容方面进行了平衡，对于读者理解整体框架、方法和技术均有参考和借鉴意义。